教育部职业教育与成人教育司推荐教材

中等职业教育技能型紧缺人才教学用书

建筑给水排水系统安装

（建筑设备专业）

本教材编审委员会组织编写

主编　邢国清

主审　汤万龙　范松康

中国建筑工业出版社

图书在版编目（CIP）数据

建筑给水排水系统安装/本教材编审委员会组织编写，
邢国清主编. —北京：中国建筑工业出版社，2006（2025.2重印）
教育部职业教育与成人教育司推荐教材. 中等职业教
育技能型紧缺人才教学用书. 建筑设备专业
ISBN 978-7-112-08602-3

Ⅰ. 建… Ⅱ. ①本…②邢… Ⅲ. 给排水系统-
安装-专业学校-教材 Ⅳ. TU82

中国版本图书馆 CIP 数据核字（2006）第 095436 号

教育部职业教育与成人教育司推荐教材
中等职业教育技能型紧缺人才教学用书

建筑给水排水系统安装

（建筑设备专业）

本教材编审委员会组织编写

主编 邢国清

主审 汤万龙 范松康

*

中国建筑工业出版社出版、发行（北京西郊百万庄）
各地新华书店、建筑书店经销
霸州市顺浩图文科技发展有限公司制版
建工社（河北）印刷有限公司印刷

*

开本：787×1092毫米 1/16 印张：12¼ 字数：300千字
2006年11月第一版 2025年2月第十三次印刷
定价：**40.00** 元
ISBN 978-7-112-08602-3
（43462）

本书是根据教育部、建设部组织编制的"中等职业学校建设行业技能型紧缺人才建筑设备专业培养方案"编写的。全书共分 6 个单元，主要讲述建筑给水排水施工图的识图、建筑给水系统的安装、建筑消防给水系统的安装、建筑热水供应系统的安装、建筑排水系统的安装、居住小区给水排水系统的安装。

本书突出中等职业教育特色，有实用性、针对性强，除可作为建筑类中等职业学校建筑设备专业的教材外，也可作为从事建筑设备工作的中等技术管理施工人员学习的参考书。

＊　＊　＊

责任编辑：齐庆梅　王美玲
责任设计：赵明霞
责任校对：张树梅　关　健

本教材编审委员会名单

主　任： 汤万龙

副主任： 杜　渐　张建成

委　员：（按拼音排序）

<table>
<tr><td>陈光德</td><td>范松康</td><td>范维浩</td><td>高绍远</td><td>侯晓云</td><td>李静彬</td></tr>
<tr><td>李　莲</td><td>梁嘉强</td><td>刘复欣</td><td>刘　君</td><td>邱海霞</td><td>孙志杰</td></tr>
<tr><td>唐学华</td><td>王根虎</td><td>王光遐</td><td>王林根</td><td>王志伟</td><td>文桂萍</td></tr>
<tr><td>邢国清</td><td>邢玉林</td><td>薛树平</td><td>杨其富</td><td>余　宁</td><td>张　清</td></tr>
<tr><td>张毅敏</td><td>张忠旭</td><td></td><td></td><td></td><td></td></tr>
</table>

出 版 说 明

为深入贯彻落实《中共中央、国务院关于进一步加强人才工作的决定》精神，2004年10月，教育部、建设部联合印发了《关于实施职业院校建设行业技能型紧缺人才培养培训工程的通知》，确定在建筑（市政）施工、建筑装饰、建筑设备和建筑智能化四个专业领域实施中等职业学校技能型紧缺人才培养培训工程，全国有94所中等职业学校、702个主要合作企业被列为示范性培养培训基地，通过构建校企合作培养培训人才的机制，优化教学与实训过程，探索新的办学模式。这项培养培训工程的实施，充分体现了教育部、建设部大力推进职业教育改革和发展的办学理念，有利于职业学校从建设行业人才市场的实际需要出发，以素质为基础，以能力为本位，以就业为导向，加快培养建设行业一线迫切需要的技能型人才。

为配合技能型紧缺人才培养培训工程的实施，满足教学急需，中国建筑工业出版社在跟踪"中等职业教育建设行业技能型紧缺人才培养培训指导方案"（以下简称"方案"）的编审过程中，广泛征求有关专家对配套教材建设的意见，并与方案起草人以及建设部中等职业学校专业指导委员会共同组织编写了中等职业教育建筑（市政）施工、建筑装饰、建筑设备、建筑智能化四个专业的技能型紧缺人才教学用书。

在组织编写过程中我们始终坚持优质、适用的原则。首先强调编审人员的工程背景，在组织编审力量时不仅要求学校的编写人员要有工程经历，而且为每本教材选定的两位审稿专家中有一位来自企业，从而使得教材内容更为符合职业教育的要求。编写内容是按照"方案"要求，弱化理论阐述，重点介绍工程一线所需要的知识和技能，内容精炼，符合建筑行业标准及职业技能的要求。同时采用项目教学法的编写形式，强化实训内容，以提高学生的技能水平。

我们希望这四个专业的教学用书对有关院校实施技能型紧缺人才的培养具有一定的指导作用。同时，也希望各校在使用本套书的过程中，有何意见及建议及时反馈给我们，联系方式：中国建筑工业出版社教材中心（E-mail：jiaocai@cabp.com.cn）。

中国建筑工业出版社
2006 年 6 月

前　言

　　本教材是中职三年制建筑设备专业系列教材之一，是按教育部、建设部关于实施职业院校建设行业技能型紧缺人才培养培训工程通知及方案要求编写的。

　　指导思想为：根据社会发展和经济建设需求，以提高学习者的职业实践能力和职业素养为宗旨，倡导以学生为中心的教育培训理念和建立多样性与选择性相统一的教学机制，通过综合和具体的职业技术实践活动，帮助学生积累实际工作经验，突出职业教育的特色，全面提高学生的职业道德、职业能力和综合素质。

　　建设行业技能型紧缺人才的培养培训应体现以下基本原则：

　　1. 以全面素质为基础，以能力为本位；

　　2. 以企业需求为基本依据，以就业为导向；

　　3. 适应行业技术发展，体现教学内容的先进性；

　　4. 以学生为中心，体现教学组织的科学性和灵活性。

　　本教材在编写过程中注重基本知识、基本技能，注重实用，提高学习者的实际工作能力。

　　本教材的主要内容有：（1）建筑给水排水施工图的识读；（2）居住小区给水排水施工图的识读；（3）建筑给水排水系统的安装及施工验收规范；（4）居住小区给水排水系统的安装及施工验收规范。

　　本教材由山东城市建设职业学院邢国清主编。参加编写工作的有山东城市建设职业学院邢国清（单元1、单元2、单元3、单元6）、滨州医学院刘建勋（单元4）、湖南省衡阳铁路工程学校李世忠（单元5）。本教材由新疆建设职业技术学院汤万龙和绵阳水利电力学校范松康主审。

　　本教材在编写过程中，参考了部分同学科的教材等文献（见书后的"参考文献"），在此谨向文献的作者表示深深的谢意。

　　由于编者水平有限，教材中的缺点、错误难免，恳请使用本教材的教师和广大读者批评指正。

中国建筑工业出版社

2008 年 6 月

目 录

单元1 建筑给水排水施工图的识读

知 识 点：本单元内容包括（1）建筑内给水、消防、热水、排水、雨水等系统的分类、组成及给水、消防、热水系统的供水方式和排水、雨水等系统的排水方式。（2）建筑给水排水施工图的组成和识读。

教学目标：（1）了解建筑内给水、消防、热水、排水、雨水等系统的分类。（2）掌握建筑内给水、消防、热水、排水、雨水等系统的组成和基本形式。（3）掌握识读建筑施工图的方法，能准确识读建筑给水排水施工图。

课题1 建筑给水系统

建筑给水系统是将城镇给水管网或自备水源给水管网中的水引入一幢建筑或一个建筑群体，供人们生活、生产和消防之用，并满足各类用水对水质、水量和水压要求的冷水供应系统。

1.1 建筑给水系统的分类

根据用户对水质、水压、水量和水温的要求，并结合外部给水系统情况进行分类，有三类基本给水系统。

1.1.1 生活给水系统

生活给水系统是供人们在日常生活中饮用、烹饪、盥洗、沐浴、洗涤等用水的给水系统。生活用水水质必须符合国家规定的生活饮用水卫生标准。

1.1.2 生产给水系统

生产给水系统是供给各类产品生产过程中所需的用水、生产设备的冷却、原料和产品的洗涤及锅炉用水等的给水系统。生产用水对水质、水量、水压及安全性随工艺要求的不同，而有较大的差异。

1.1.3 消防给水系统

消防给水系统是供消防灭火设施用水的给水系统。消防用水对水质的要求不高，但必须按照建筑设计防火规范保证足够的水量和水压。

1.1.4 组合给水系统

上述三种基本给水系统可根据具体情况合并共用。如：生活—生产给水系统、生活—消防给水系统、生产—消防给水系统、生活—生产—消防给水系统。

1.2 建筑给水系统的组成

建筑给水系统与小区给水系统是以建筑给水引入管上的阀门井或水表井为界。给水系统一般由下列几个部分组成，如图1-1所示。

1.2.1　引入管

对一幢单独建筑物而言，引入管是室外给水管网与室内管网之间的联络管段，也称进户管。引入管应有不小于 0.003 坡度，坡向室外管网。

1.2.2　水表节点

水表节点是引入管上装设的水表及其前后设置的阀门、泄水装置等的总称。阀门用以关闭管网，以便修理和拆换水表；泄水装置用以检修时放空管网、检测水表精度及测定进户点压力值。水表节点形式多样，选择时应按用户用水要求及所选择的水表型号等因素决定。水表及水表井安装可参见国家标准图。

分户水表设在分户支管上，水表前设阀门，以便局部切断水流。

1.2.3　建筑给水管网

建筑给水管网是指将水输送到建筑内部各个用水点的管道，由水平干管、立管、支

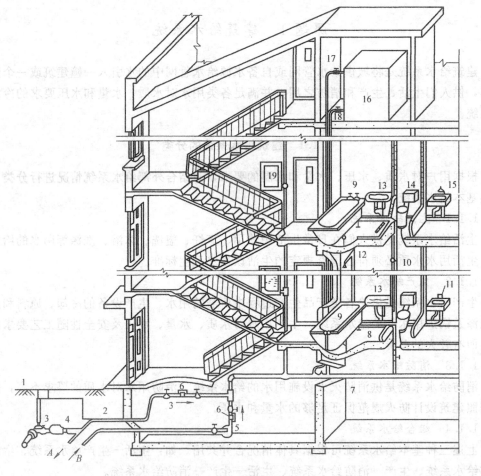

图 1-1　建筑给水系统

1—阀门井；2—引入管；3—闸阀；4—水表；5—水泵；6—止回阀；7—干管；
8—支管；9—浴盆；10—立管；11—水嘴；12—淋浴器；13—洗脸盆；
14—大便器；15—洗涤盆；16—水箱；17—进水管；18—出水管；
19—消火栓；A—入贮水池；B—来自贮水池

管、分支管等组成。

水平干管又称总干管，是将水从引入管输送至建筑物各区域的管段。

立管又称竖管，是将水从干管沿垂直方向输送至各楼层的管段。

支管又称分配管，是将水从立管输送至各房间的管段。

分支管又称分配支管，是将水从支管输送至各用水设施的管段。

1.2.4　给水附件

给水附件是用以控制调节系统内水的流向、流量、压力，保证系统安全运行的附件，按作用又分为调节附件、控制附件、安全附件。

1.2.5　升压和贮水设备

在室外给水管网压力不足或建筑内部对安全供水、水压稳定有要求时，需设置水泵、气压装置等升压设备和水箱（池）等贮水设备。

1.3　建筑给水方式

1.3.1　建筑给水方式划分原则

（1）尽量利用外部给水管网的水压直接供水。在外部管网水压和流量不能满足整个建筑物的用水要求时，建筑物下层应利用室外管网水压直接供水，上层可设置加压和流量调节装置供水。

（2）除高层建筑和消防要求较高的大型公共建筑和工业建筑外，一般情况下消防给水系统应与生活或生产给水系统共用一个供水系统。但应注意生活给水管道不能被污染。

（3）生活给水系统中，卫生器具处的静压力不得大于 0.60MPa，一般最低处卫生器具给水配件的静水压力不宜大于 0.45MPa（特殊情况下不宜大于 0.55MPa）。一般宜控制在以下数值范围：

1）旅馆、招待所、宾馆、住宅、医院等晚间有人住宿和停留的建筑，按 0.30～0.35MPa 分区。

2）办公楼等晚间无人住宿和停留的建筑，按 0.35～0.45MPa 分区。

3）水压大于 0.35MPa 的入户管（或配水横管）宜设减压或调压设施。

（4）生产给水系统中最大静水压力，应根据工艺要求、用水设备、管道材料、管道配件、附件、仪表等的工作压力确定。

（5）消火栓给水系统最低处消火栓，最大静水压力不应大于 0.80MPa，对出水压力超过 0.50MPa 的消火栓应采取减压措施。

（6）自动喷水灭火系统管网的工作压力不应大于 1.20MPa，并不应设置其他用水设施。最低喷头处的最大静水压轻危险级、中危险级场所中各配水管入口的压力均不宜大于 0.40MPa。

1.3.2　建筑内部给水方式

给水方式是指建筑内给水系统的供水方案。合理的供水方案应包括：供水可靠性、安全性、节水节能效果、投资、年经常费用等方面的内容。

（1）低层建筑的给水方式

1）直接给水方式

当室外给水管网提供的水压、水量和水质都能满足建筑要求时，可直接把室外管网的

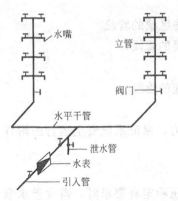

图 1-2 直接给水方式

水引向建筑内各用水点，这样可充分利用室外管网提供的水压进行供水，这种给水方式称为直接给水方式，如图1-2所示。在初步设计过程中，对生活给水系统可用经验估算建筑所需水压，判断能否采用直接给水方式：

1层为100kPa，2层为120kPa，3层及3层以上每增加1层，水压增加40kPa。

2）设有贮水和增压设备的给水方式

A. 单设水箱的给水设备

当室外给水管网提供的水压只是在用水高峰时段出现不足，或者建筑物内要求水压稳定，并且该建筑具备设置高位水箱的条件时，可采用这种方式，如图1-3所示。该方式在用水低峰时，利用室外给水管网水压直接供水并向水箱进水。用水高峰时，水箱出水供给给水系统，从而达到调节水压和水量的目的。

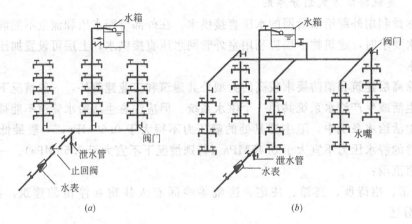

图 1-3 单设水箱的给水方式
(a) 单管式；(b) 双管式

B. 设置水箱和水泵联合给水方式

当室外管网的水压经常不足，室外管网允许直接抽水，建筑物又允许设置高位水箱的条件下，水泵自室外管网直接抽水加压，利用高位水箱稳压和调节流量，室外管网水压高时也可直接供水，如图1-4所示。

C. 设贮水池、水泵和水箱的给水方式

当具备下列情况之一者需考虑采用此种给水方式：其一，室外管网水压经常不足、且不允许直接抽水；其二，室外管网不能保证高峰用水，同时建筑物用水量较大；其三，要求贮备一定容积的消防水量，如图1-5所示。

D. 设置气压装置的给水方式

当室外给水管网压力低于或经常不能满足室内所需水压，而建筑内用水不均匀，且不宜设置高位水箱时可采用此种给水方式，如图1-6所示。气压给水方式利用水泵增压，利用气压罐调节水量和控制水泵运行。气压罐的作用相当于高位水箱，但其位置可根据需要设置在高处或低处。

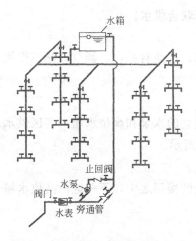

图1-4　设水泵和水箱的给水方式

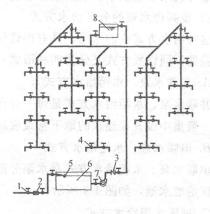

图1-5　设水池、水泵和水箱的给水方式
1—阀门；2—水表；3—止回阀；4—水嘴；
5—浮球阀；6—水池；7—水泵；8—水箱

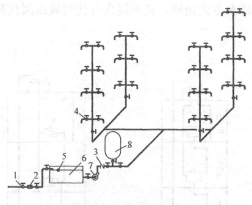

图1-6　气压给水方式
1—阀门；2—水表；3—止回阀；4—水嘴；
5—浮球阀；6—水池；7—水泵；8—气压水罐

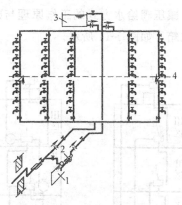

图1-7　分区供水的给水方式
1—贮水池；2—水泵；3—水箱；
4—城市给水水压线

E. 单设水泵给水方式

室外给水管网大部分时间满足不了室内需要，可采用单设水泵给水方式。该方式常用于需增压、用水较均匀、不宜或无法设置高位水箱的场合。对于用水量较大、用水不均匀比较突出的建筑，可考虑采用调频变速水泵，使水泵供水曲线与用水曲线接近，达到节能的目的。

（2）高层建筑给水方式

高层建筑一般采用分区给水方式。高层建筑生活给水系统的竖向分区，应根据使用要求、设备材料性能、维护管理条件、建筑高度等综合因素合理确定。一般各分区最低卫生器具配水点处的静水压力不宜大于 0.45MPa，且最大不大于 0.55MPa。

1）利用室外给水管网水压的分区供水方式

利用室外给水管网的供水压力，可将水供到高层建筑下部若干楼层时，为了充分有效地利用室外给水管道的水压，常将高层建筑分成上下两个供水区，如图1-7所示，下区直接由室外给水管道供水，上区则由水池、水泵和水箱联合供水。

2）设高位水箱的分区给水方式

这种给水方式中的水箱，具有保证管网压力作用，还兼有贮存、调节、减压作用。根据水箱的不同设置方式又分为四种形式。

A. 并联水泵、水箱给水方式

并联水泵、水箱给水方式是每一分区设置一套独立的水泵和高位水箱向各区供水。其水泵一般集中设置在建筑的地下室或底层，如图1-8所示。

B. 串联水泵、水箱给水方式

串联水泵、水箱给水方式是水泵分散设置在各区的楼层之中，下一区的高位水箱兼做上一区的贮水池，如图1-9所示。

C. 减压水箱给水方式

减压水箱给水方式是由设置在底层（或地下室）的水泵将整幢建筑的用水量提升至屋顶水箱，然后再分送至各分区水箱。分区水箱起到减压的作用，如图1-10所示。

D. 减压阀给水方式

减压阀给水方式的工作原理与减压水箱给水方式相同，其不同之处使用减压阀代替减压水箱，如图1-11所示。

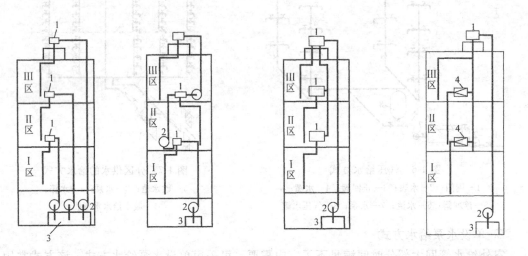

图1-8 并联供水方式　图1-9 串联供水方式　图1-10 减压水箱供水方式　图1-11 减压阀供水方式
1—水箱；2—水泵；　　1—水箱；2—水泵；　　1—水箱；2—水泵；　　1—水箱；2—水泵
　　3—水池　　　　　　3—水池　　　　　　　　3—水池　　　　　　　3—水池；4—减压阀

3）无水箱的给水方式

A. 多台水泵组合运行方式

在不设水箱情况下，为了保证供水量和保持管网中压力的恒定，管网中的水泵必须保持运行状态。但是建筑内的用水量在不同时间是不相等的。因此，要达到供需平衡，可以采用同一区内多台水泵组合运行。这种方式的优点是省去了水箱，增加了建筑有效使用面积。其缺点是所用水泵较多，工程造价较高。

根据不同组合还可分为下面两种形式。

a. 并联给水方式

根据不同高度分区采用不同的水泵机组供水，如图 1-12 所示。该方式初期投资大，但运行费用较少。

b. 减压阀给水方式

即整个供水系统共用一组水泵，分区处设置减压阀，如图 1-13 所示。该方式系统简单，但运行费用高。

图 1-12　无水箱并联供水方式

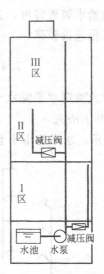

图 1-13　无水箱减压阀供水方式

B. 气压给水装置给水方式

气压给水装置给水方式是以气压罐取代了高位水箱，它控制水泵间歇工作并保证管网中保持一定的水压。这种方式又可分两种形式。

a. 并联气压给水装置给水方式

这种方式如图 1-14 所示。其特点是每个分区有一个气压水罐，初期投资大，气压水罐容积小，水泵启动频繁，耗电较多。

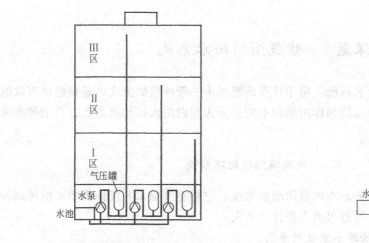

图 1-14　并联气压装置给水方式

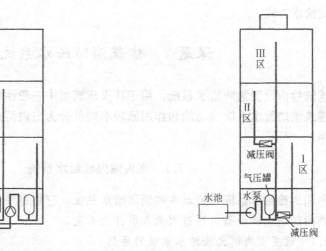

图 1-15　气压给水装置与减压阀给水方式

b. 气压给水装置与减压阀给水方式

这种方式如图 1-15 所示。它由一个总的气压水罐控制水泵工作，水压较高的区用减压阀控制。优点是投资较省，气压水罐容积大，水泵启动次数较少。缺点是整个建筑一个系统，各区之间将互相影响。

C. 变频调速给水装置给水方式

此种方式的适用情况与多台水泵组合运行方式的给水方式基本相同，只是将其中的水泵改为变频调速给水装置即可，其常见形式为并联给水方式。该方式需要成套的变速与自动控制设备，工程造价较高。

1.4 建筑给水系统的管路图示

各种给水方式按照水平配水干管的敷设位置分为：

1.4.1 下行上给式

如图 1-2 所示，水平配水干管敷设在底层（明装、埋设或沟敷）或地下室的天花板下，自下而上供水。居住建筑、公共建筑和工业建筑在利用室外管网水压直接供水时多采用下行上给式。

1.4.2 上行下给式

如图 1-4、图 1-5 所示，水平配水干管敷设在顶层天花板下或吊顶之内，自上而下供水。设有屋顶水箱的建筑一般采用此方式。

1.4.3 环状式

按照用户对供水可靠程度要求不同，管网分为枝状式和环状式。一般建筑中均采用枝状式。在任何时间都不允许断水的大型公共建筑、高层建筑和工艺要求不间断供水的工业建筑常采用环状式。水平干管或配水立管互相连接成环，组成水平环状或立管环状。在有两根引入管时，也可将两根引入管通过水平干管和配水立管相连通，组成贯通环状。图 1-16 为水平干

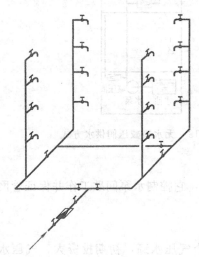

图 1-16 水平干管环状式

管环状式给水方式。

课题 2 建筑消防给水系统

在建筑物内设置消防给水系统，用于扑灭建筑物中一般性质的火灾，是最经济有效的方法。建筑消防给水系统按功能和作用原理不同可分为室内消火栓给水系统、自动喷水灭火系统等。

2.1 室内消火栓给水系统

室内消火栓给水系统是最基本的消防给水系统，它将室外给水系统提供的水输送到设于建筑物内的消火栓设备，通过灭火人员扑灭火灾。

2.1.1 设置室内消火栓给水系统的原则

我国《建筑设计防火规范》规定，下列建筑物中应设置室内消火栓给水系统：

（1）厂房、库房、高度不超过 24m 的科研楼（存有与水接触能引起燃烧爆炸的物品除外）；

（2）超过 800 个座位的剧院、电影院、俱乐部和超过 1200 个座位的礼堂、体育馆；

（3）体积超过 5000m³ 的车站、码头、机场建筑物以及展览馆、商店、病房楼、门诊楼、图书馆、书库等；

（4）超过七层的单元式住宅，超过六层的塔式住宅、通廊式住宅、底层设有商业网点的单元式住宅；

（5）超过五层或体积超过 10000m³ 的教学楼等其他民用建筑；

（6）国家级文物保护单位的重点砖木或木结构的古建筑。

2.1.2　低层建筑室内消火栓给水系统的划分

根据我国目前普遍使用的登高消防器材的性能、消防车供水能力、麻织水带的耐压程度和建筑的结构状况，并参考国外对低层与高层建筑起始高度划分的标准，我国公安部规定：

（1）低层与高层建筑的高度分界线为 24m；高层与超高层建筑高度分界线为 100m。建筑高度为建筑室外地面到女儿墙或檐口的高度。

（2）低层建筑的室内消火栓给水系统是指 9 层及 9 层以下的建筑、高度小于 24m 的其他民用建筑和高度不超过 24m 的厂房、车库以及单层公共建筑的室内消火栓消防系统。这些建筑物的火灾能依靠一般消防车的供水能力直接进行灭火。

2.1.3　室内消火栓给水系统的组成

室内消火栓给水系统由水源、消防管道、消火栓、水带和水枪等组成。当室外给水管网的水压与水量不能满足建筑消防要求时，需要设置消防贮水池、消防水泵和消防水箱，为了使消防车能够协助灭火，有些建筑还需要设置消防水泵结合器。

（1）消火栓设备

消火栓设备包括水枪、水带和消火栓，均安装在消火栓箱内，如图 1-17 所示。

水枪一般采用直流式，喷口直径有 13mm、16mm、19mm。13mm 口径的水枪配 50mm 的接口；16mm 口径的水枪配 50mm 或 65mm 的接口；19mm 口径的水枪配 65mm 接口。采用何种规格的水枪，要根据消防供水流量和充实水柱长度的要求决定。

水带材质有麻质和化纤两种，有衬胶与无衬胶之分，衬胶水带阻力较小，故经常使用。水带口径有 50mm、65mm 两种，水带长度一般为 15m、20m 或 25m。

消火栓是一个带内扣接头的阀门，一端连消防主管，另一端与水带连接，其直径应等于所配水带的直径。流量小于 3L/s 时，用 50mm 直径的消火栓；流量大与 3L/s 时，用 65mm 直径的消火栓。双出口消火栓的直径为 65mm。为了便于维护管理，同一建筑物内应采用统一规格的水枪、水带和消火栓。

（2）水泵接合器

建筑消防给水系统中均应设置水泵接合器，水泵接合器属于临时供水设施，其作用是连接消防车向室内消防给水系统加压供水的装置，水泵接合器的形式有：地上式、地下式和墙壁式三种。

（3）消防管道

建筑内部的消防管道在低层建筑中可以独立设置，也可以与其他给水系统合并，但在

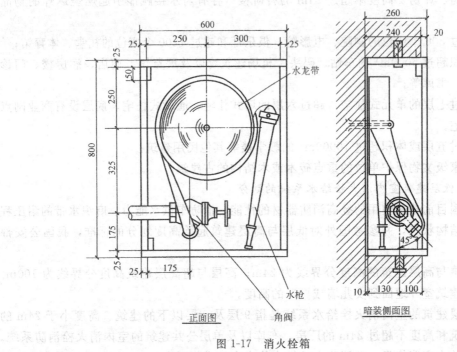

正面图   角阀   暗装侧面图

图 1-17　消火栓箱

高层建筑中应独立设置。在消防、生活共用给水系统中管材应满足生活给水的要求。

（4）消防水箱

消防水箱对扑救初期火灾起着重要的作用，临时高压消防给水系统中必须设消防水箱，保证火灾初期 10min 的消防水量。

（5）消防水池

消防水池的作用是储水和供消防水泵吸水用。应根据室外给水管网条件和火灾持续时间内室内、室外消防用水量综合确定其储水容积；如消防水池与其他贮水池合用，必须有保证消防水量不被动用的技术措施。

2.1.4　低层建筑室内消火栓系统的给水方式

根据建筑物高度、室外管网水压、流量和室内消防流量、水压等要求，室内消防系统可分为三类：

（1）无加压水泵和水箱的室内消火栓给水系统

常在建筑物不太高，室外给水管网的水压和流量完全能满足室内最不利点消火栓的设计水压和流量时采用，如图 1-18 所示。

（2）设有水箱的室内消火栓给水系统

常用在室外给水管网压力变化较大的城市或居住区。当生活、生产用水量达到最大时，室外管网不能保证室内最不利点消火栓的压力和流量；而当生活、生产用水量较小时，室外管网压力较大，能向高位水箱补水。因此，常设水箱调节生活、生产用水量，同时贮存 10min 的消防用水量，如图 1-19 所示。

（3）设置消防水泵和水箱的室内消火栓给水系统

当室外给水管网的水压不能满足室内消火栓给水系统水压时选用此方式。水箱应贮备

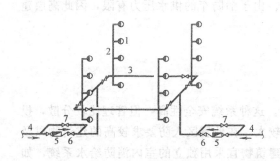

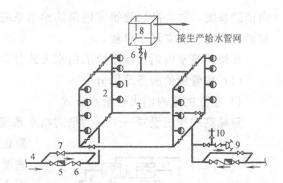

图 1-18　无加压水泵和水箱的
室内消火栓给水系统

1—室内消火栓；2—室内消防立管；3—干管；
4—进户管；5—水表；6—止回阀；7—旁通管及阀门

图 1-19　设有水箱的室内消火栓给水系统

1—室内消火栓；2—消防立管；3—干管；4—进户管；
5—水表；6—止回阀；7—旁通管及阀门；
8—水箱；9—水泵接合器；10—安全阀

10min 的室内消防用水量，水箱采用生活用水泵补水，严禁消防水泵补水。水箱进入消火栓给水管网的管道上应设止回阀，以防消防时消防水泵出水进入水箱，如图 1-20 所示。

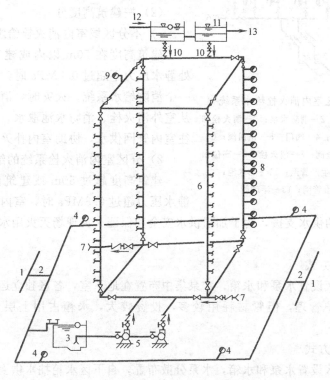

图 1-20　高层建筑室内消火栓给水系统

1—室外给水管网；2—进户管；3—贮水池；4—室外消火栓；5—消防泵；
6—消防管网；7—水泵接合器；8—室内消火栓；9—屋顶消火栓；
10—止回阀；11—高位水箱；12—给水；13—生活用水

2.1.5　高层建筑室内消火栓给水系统

高度为 10 层及以上的住宅建筑和建筑高度为 24m 及以上的其他民用和工业建筑的室

内消防系统，称为高层建筑室内消防给水系统。由于消防车的供水压力有限，因此高层建筑消防原则上应立足于自救。

高层建筑室内消火栓系统的给水方式分为：

（1）按管网的服务范围分

1）独立的室内消火栓给水方式

每幢高层建筑设置一个室内消防给水系统。这种系统安全性高，但管理比较分散，投资也较大。在地震区人防要求较高的建筑物以及重要建筑物宜采用独立的室内消防给水系统，如图1-21所示。

2）区域集中的室内消火栓给水系统

数幢或数十幢高层建筑共用一个泵房的消防给水系统，这种系统便于集中管理，在某些情况下，可节省投资，但在地震区可靠性较低。在有合理规划的高层建筑区，可采用区域集中的高压或临时高压消防给水系统。

（2）按建筑高度分

1）不分区域室内消火栓给水系统

建筑高度在50m以内或建筑内最低消火栓处静水压力不超过0.8MPa时，整个建筑物组成一个消防给水系统。火灾时，消防队使用消防车从室外消火栓、消防水池取水，通过水泵接合器往室内管网供水，协助室内扑灭火灾。

2）分区室内消火栓系统的给水方式

建筑高度超过50m或建筑内最低消火栓处静水压力超过0.8MPa时，室内消火栓给水系统

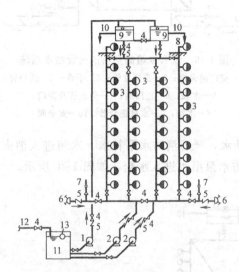

图1-21　不分区室内消火栓给水系统

1—生产、生活水泵；2—消防水泵；3—消火栓和水泵远距离启动按钮；4—阀门；5—止回阀；6—水泵接合器；7—安全阀；8—消火栓；9—高位水箱；10—至生活生产管网；11—贮水池；12—来自城市管网；13—浮球阀

难于得到消防车的供水支援，为了加强供水安全和保证火灾现场灭火用水，宜采用分区给水方式。

A. 并联给水方式

其特点是分区设置水泵和水箱，水泵集中布置在地下室，各区独立运行互不干扰，供水可靠，便于维护管理，但管材耗用较多，投资较大，水箱占用上层使用面积，如图1-22（a）所示。

B. 串联给水方式

其特点是分区设置水泵和水箱，水泵分散布置，自下区水箱抽水供上区用水，设备与管道简单，节省投资，但水泵布置在楼板上，振动和噪声干扰加大，占用上层使用面积较大，设备分散维护管理不便，上区供水受下区限制，如图1-22（b）所示。

C. 无水箱供水方式

其特点是分区设置变速水泵或多台并联水泵，根据水量调节水泵转速或运行台数，供水可靠、设备集中便于管理，不占用上层使用面积，能耗较少，但水泵型号数量较多，投资较大，水泵调节控制技术要求高。这种方式适用于各类高层工业与民用建筑，如图

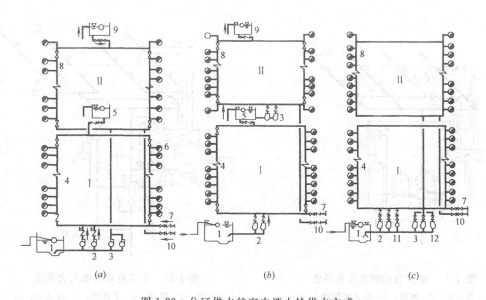

图 1-22　分区供水的室内消火栓供水方式

（a）分区并联供水方式；（b）分区串联供水方式；（c）分区无水箱供水方式

1—贮水池；2—Ⅰ区消防泵；3—Ⅱ区消防泵；4—Ⅰ区管网；5—Ⅰ区水箱；6—消火栓；

7—Ⅰ区水泵接合器；8—Ⅱ区管网；9—Ⅱ区水箱；10—Ⅱ区水泵接合器；11—Ⅰ区补压泵；12—Ⅱ区补压泵

1-22（c）所示。

2.2　自动喷水灭火系统

自动喷水灭火系统是一种在火灾时自动喷水灭火，同时发出火警信号的消防给水系统。自动喷水灭火系统多设在火灾危险性较大，起火蔓延很快的场所，以及对消防要求较高的建筑物或个别房间，如商场、高层建筑和大剧院舞台等部位。

2.2.1　自动喷水灭火系统的组成和分类

自动喷水灭火系统由水源、贮水加压设备、喷头、管网、报警装置等组成。自动喷水灭火系统分为闭式自动喷水灭火系统和开式自动喷水灭火系统等。

（1）闭式自动喷水灭火系统

闭式自动喷水灭火系统是指在自动喷水灭火系统中采用闭式喷头，平时系统为封闭系统，发生火灾时喷头自动打开喷水灭火。闭式自动喷水灭火系统根据管网充水与否分为湿式和干式自动喷水灭火系统。

1）湿式自动喷水灭火系统

湿式自动喷水灭火系统如图 1-23 所示。管网中充满有压水，当建筑物发生火灾时，火点温度达到开启闭式喷头温度时喷头出水灭火。该系统有灭火时扑救效率高的优点，但由于管网中充满水，当渗漏时会损坏建筑装饰和影响建筑使用。该系统适用于环境温度 $4℃<t<70℃$ 的建筑物。

2）干式自动喷水灭火系统

干式自动喷水灭火系统如图 1-24 所示。管网中平时不充水，充满有压空气（或氮气）。当建筑物发生火灾，火点温度达到开启闭式喷头温度时，喷头开启，排气，充

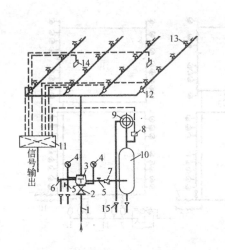

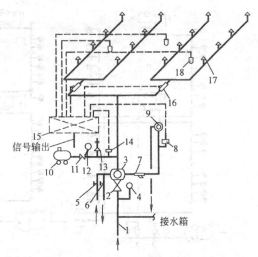

图 1-23　湿式自动喷水灭火系统

1—供水管；2—闸阀；3—湿式报警阀；4—压力表；5、6—截止阀；7—过滤器；8—压力开关；9—水力警铃；10—延时器；11—火灾报警控制箱；12—水流指示器；13—闭式喷头；14—火灾探测器；15—接水漏斗

图 1-24　干式自动喷水灭火系统

1—供水管；2—闸阀；3—干式阀；4—压力表；5、6—截止阀；7—过滤器；8—压力开关；9—水力警铃；10—空压机；11—止回阀；12—压力表；13—安全阀；14—压力开关；15—火灾报警控制箱；16—水流指示器；17—闭式喷头；18—火灾探测器

水，灭火。该系统灭火时需先排气，故喷头出水灭火不如湿式及时。但由于管网中平时不充水，对建筑装饰无影响，对环境温度也无要求，适用于采暖期长而建筑内无采暖的场所。

（2）开式自动喷水灭火系统

开式自动喷水灭火系统采用开式喷头，平时报警阀处于关闭状态，管网中无水，系统为敞开状态。当发生火灾时报警阀开启，管网充水，喷头开始喷水灭火。

开式自动喷水灭火系统分为雨淋自动喷水灭火系统、水幕自动喷水灭火系统和水喷雾自动灭火系统。

1）雨淋自动喷水灭火系统

雨淋灭火系统由开式喷头、雨淋阀、火灾探测器、管道系统、报警控制装置、控制组件和供水设备组成，如图 1-25 所示。发生火灾时，火灾探测器把探测到的火灾信号立即送到控制器，控制器发出声光显示并输出控制信号，打开管网上的传动阀门，自动放掉传动管网的有压水，使雨淋阀后传动水压骤然降低，雨淋阀启动，消防水便立即充满管网，同时开式喷头开始喷水，压力开关和水力警铃发出声光报警，作反馈指示，控制中心的消防人员便可观测系统的工作情况。

2）水幕自动喷水灭火系统

水幕系统的组成与雨淋系统基本相同。水幕系统不具备直接灭火的能力，而是用密集喷洒所形成的水墙或水帘，或配合防火卷帘等分割物，阻断烟气和火势的蔓延，属于暴露防护系统，可单独使用，用来保护建筑物的门、窗、洞口或在大空间造成防火水帘起防火分隔作用。

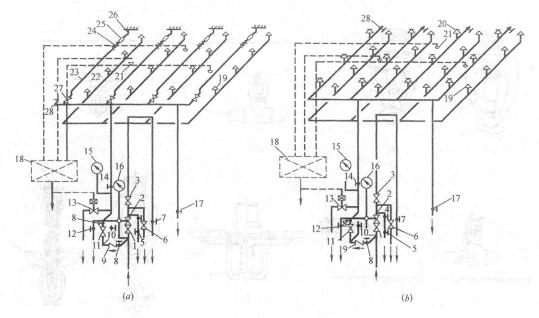

图 1-25　干式自动喷水灭火系统

(*a*) 易熔锁封控制；(*b*) 感温喷头控制

1、3、6—闸阀；2—雨淋阀；4、5、7、8、10、12、14、28—截止阀；9—止回阀；11—带 $\phi 3$ 小孔闸阀；13—
电磁阀；15、16—压力表；17—手动旋阀；18—火灾报警控制箱；19—开式喷头；20—闭式喷头；21—火灾
探测器；22—钢丝绳；23—易熔锁封；24—拉紧弹簧；25—拉紧连接器；26—固定挂钩；27—传动阀门

3）水喷雾自动灭火系统

水喷雾自动灭火系统利用高压水，经过各种形式的喷雾喷头将雾状水流喷射在燃烧物上，一方面使燃烧物和空气隔绝产生窒息，另一方面进行冷却，对油类火灾能使油面起乳化作用，对水溶性液体火灾能起释稀作用，同时由于喷雾不会造成飞溅，具有电气绝缘性好的特点，在扑灭闪点高于 60℃ 的液体火灾、电气火灾中得到广泛应用。

2.2.2　系统组件

（1）喷头

喷头分闭式和开式两种，普遍采用闭式喷头。闭式喷头的喷口用由热敏元件组成的释放机构封闭，当达到一定温度时自动开启，如玻璃球爆炸、易熔合金脱离。其构造按溅水盘的形式和安装位置有直立型、下垂型、边墙型、普通型、吊顶型等，闭式喷头构造如图1-26所示。

开式喷头与闭式喷水喷头的区别仅在于缺少由热敏感元件组成的释放机构。它是由本体、支架、溅水盘等部分组成。按安装形式分为双臂下垂型、单臂下垂型、双臂直立型和双臂边墙型等四种，如图1-27所示。

（2）报警阀

报警阀的作用是开启和关闭管网的水流，传递控制信号至控制系统并启动水力警铃直接报警，有湿式、干式、干湿式等类型，如图1-28所示。湿式报警阀用于湿式自动喷水灭火系统；干式报警阀用于干式自动喷水灭火系统；干湿式报警阀是由湿式、干式报警阀依次连接而成，在温暖季节用湿式装置，在寒冷季节则用干式装置。

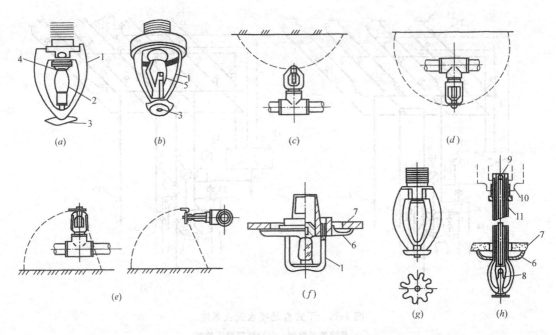

图 1-26　闭式喷头构造示意图

(*a*) 玻璃球洒水喷头；(*b*) 易熔合金洒水喷头；(*c*) 直立型；(*d*) 下垂型；(*e*) 边墙型（立式、水平式）；

(*f*) 吊顶型；(*g*) 普通型；(*h*) 干式下垂型

1—支架；2—玻璃球；3—溅水盘；4—喷水口；5—合金锁片；6—装饰罩；7—吊顶；

8—热敏元件；9—钢球；10—铜球密封圈；11—套筒

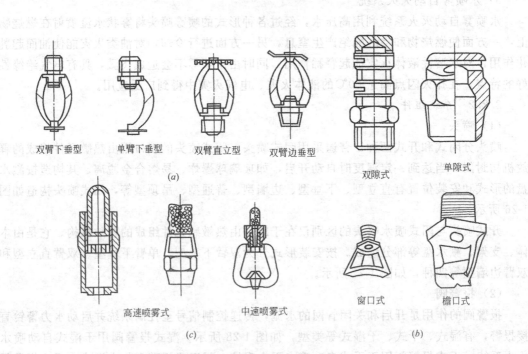

图 1-27　开式喷头构造示意图

(*a*) 开启式洒水喷头；(*b*) 水幕喷头；(*c*) 喷雾喷头

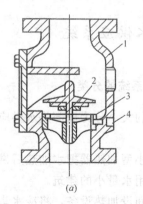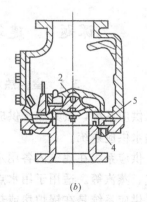

图 1-28　报警阀构造示意图

(a) 坐圈型湿式阀；(b) 差动式干式阀

1—阀体；2—阀瓣；3—沟槽；4—水力警铃接口；5—弹性隔膜

（3）水流报警装置

水流报警装置主要有水力警铃、水流指示器和压力开关。

水力警铃主要用于自动喷水灭火系统，宜装在报警阀附近。当报警阀打开消防水源后，具有一定压力的水流冲动叶轮打铃报警。

水流指示器用于自动喷水灭火系统中，当某个喷头开启，喷水或管网发生水量泄漏时，管道中的水产生流动，引起水流指示器中桨片随水流而动作，将区域水流电信号送至消防控制室。

压力开关垂直安装于延迟器和水力警铃之间的管道上。在水力警铃报警的同时，依靠警铃管内水压的升高自动接通电触点，完成电动警铃报警，向消防控制室传送电信号或启动消防水泵。

（4）延迟器

延迟器是一个罐式容器，安装于报警阀与水力警铃（或压力开关）之间。用来防止由于水压波动原因引起报警阀开启而导致的误报。

（5）火灾探测器

火灾探测器是自动喷水灭火系统的重要组成部分。目前常用的有感烟、感温探测器。感烟探测器是利用火灾发生地点的烟雾浓度进行探测；感温探测器是通过火灾引起的温升进行探测。火灾探测器布置在房间或走道的顶棚下面。

（6）雨淋阀

雨淋阀又称成组作用阀，用于雨淋、预作用、水幕和水喷雾自动灭火系统。在立管上安装，室温不低于4℃。分为隔膜型雨淋阀和双圆盘型雨淋阀。

隔膜式雨淋阀启动灭火后，只要向传动管网中重新充压力水，雨淋阀即自行关闭。而对于双圆盘阀门，则必须关闭总进水闸阀，并卸开雨淋阀盖上的工作塞，用人工把阀心顶回关闭状态，然后向传动管网中充压，才能复位。双圆盘雨淋阀是20世纪50年代引进的国外产品，由于该种阀门复位手续繁琐，劳动量大，目前一般不宜采用。

当一个雨淋阀的供水量不能满足一组开式自动喷水系统时，可用几个雨淋阀并联安装。

课题3 建筑热水供应系统

3.1 室内热水供应系统的分类

建筑内部热水供应系统，按其热水供应范围的大小分为局部热水供应系统、集中热水供应系统和区域热水供应系统。

（1）局部热水供应系统在建筑内各用水点设小型加热器把水加热后供该场所使用。其热源为电力、煤气、蒸汽等。适用于用水点少、用水量小的建筑。

（2）集中热水供应系统是在锅炉房或热交换间设加热设备，将冷水集中加热，向一幢或几幢建筑物各配水点供应热水。冷水一般由高位水箱提供，以保证各配水点压力衡定。集中热水供应系统一般适用于旅馆、医院等公共建筑。

（3）区域热水供应系统一般利用热电站、大型工业锅炉房所引出的余热加热冷水，供给建筑群使用，由于该系统充分利用了废热，热效率较高，热水供应设备集中，便于管理。

如何选择热水供应系统，应根据环境条件、用户要求，经技术经济比较后确定。

3.2 建筑内热水供应系统的组成

建筑内热水供应系统中，局部热水供应系统所用加热器、管路等比较简单；区域热水供应系统管网复杂、设备多；集中热水供应系统应用普遍。以集中热水供应系统为例，热水供应系统一般有两个循环系统组成。图1-29为热媒为蒸汽的集中热水供应系统。

3.2.1 第一循环系统（热水制备系统）

第一循环系统又称为热水制备系统，包括发热设备、加热设备及热媒管道，其功能是制备一定水温和水量的热水。

3.2.2 第二循环系统（热水供应系统）

热水供应系统包括建筑内部热水配水管网，回水管网及各种附件，其作用是将热水送至各用水点，并保证各配水点热水的温度。

3.2.3 附件

由于热媒系统和热水供应系统中控制、连接的需要，以及由于温度的变化而引起的水的体积膨胀、超压、气体离析、排除等，常使用的附件有：温度自动调节器、疏水器、减压阀、安全阀、膨胀罐（箱）、管道自动补偿器、闸阀、水嘴、自动排气器等。

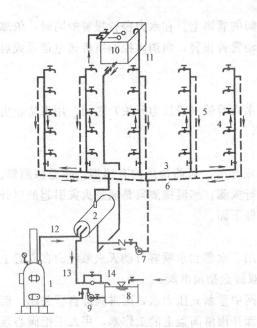

图1-29 热媒为蒸汽的集中热水供应系统图

1—锅炉；2—水加热器；3—配水干管；4—配水立管；5—回水立管；6—回水干管；7—循环泵；8—凝结水池；9—冷凝水泵；10—给水箱；11—膨胀管；12—热媒蒸汽管；13—凝水管；14—疏水器

3.3 热水加热方式和热水供应方式

3.3.1 热水加热方式

根据热水加热方式的不同，可分为直接加热方式和间接加热方式。

直接加热方式也称一次换热方式，是利用燃气、燃油、燃煤为燃料的热水锅炉或热水机组，把冷水直接加热到所需的热水温度，或者是将蒸汽或高温水通过穿孔管或喷射器直接与冷水接触混合制备热水。这种加热方式设备简单、热效率高、节能，但噪声大，对热媒要求高，不允许造成水质污染。该种加热方式仅适用于有高质量的热媒、对噪声要求不严格或定时供应热水的公共浴室、洗衣房、工矿企业等用户。

间接加热方式也称二次换热方式，是利用热媒通过水加热器把热量传递给冷水，把冷水加热到所需热水温度，而热媒在整个加热过程中与被加热水不直接接触。这种加热方式噪声小，被加热水不会造成污染，运行安全稳定，适用于要求供水安全稳定、噪声低的旅馆、住宅、医院、办公楼等建筑。

3.3.2 热水供应方式

(1) 开式和闭式

热水供应方式按管网压力工况特点可分为开式和闭式两种，如图1-30、图1-31所示。

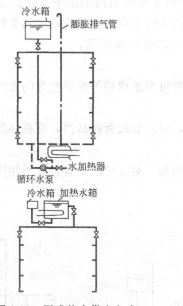

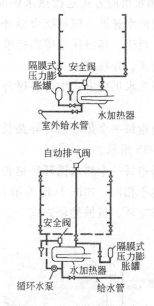

图1-30　开式热水供水方式 　　　　图1-31　闭式热水供水方式

开式热水供应方式一般是在热水管网顶部设有开式水箱，其水箱设置高度由系统所需水压计算确定，管网与大气相通。如用户对水压要求稳定，室外给水管网水压波动较大，宜采用开式热水供应方式。

闭式热水供应方式管理简单，水质不易受外界污染，但安全阀易失灵，安全可靠性较差。无论采用何种方式，都必须解决水加热后体积膨胀的问题，以保证系统的安全。

(2) 不循环、半循环、全循环方式

不循环热水供应方式是指热水供应系统中热水配水管网的水平干管、立管、配水支管都不设任何回水管道。对于小型系统、使用要求不高的定时供应系统或连续用水系统如公共浴室、洗衣房等可采用此种不循环热水供应方式，如图1-32所示。

半循环热水供应方式是指热水供应系统中只在热水配水管网的水平干管设回水管道，该方式多适用于设有全日供应热水的建筑和定时供应热水的建筑中，如图1-33所示。

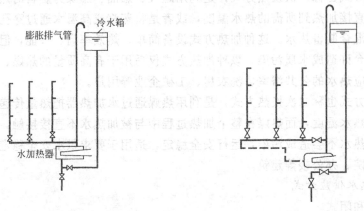

图1-32 不循环热水供应方式　　　　图1-33 半循环热水供应方式

全循环热水供应方式是指热水供应系统中热水配水管网的水平干管、立管、甚至配水支管都设有回水管道。该系统设循环水泵，用水时不存在使用前放水和等待时间，适用于高级宾馆、饭店、高级住宅等高标准建筑中，如图1-34所示。

（3）同程式、异程式

在全循环热水供应方式中，各循环管路长度可布置成相等或不相等的方式，即同程式和异程式。

同程式是指每一个热水循环环路长度相等，对应管段管径相同，所有环路的水头损失相同，如图1-35所示。

异程式是指每一个热水循环环路长度各不相等，对应管段的管径也不相同，所有环路的水头损失也不相同，如图1-36所示。

（4）自然循环、机械循环方式

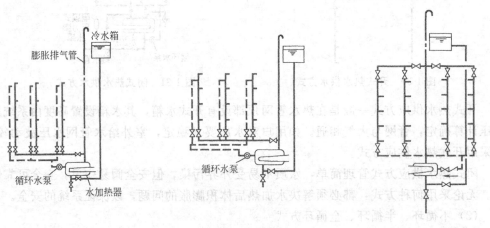

图1-34 全循环热水供应方式　　　图1-35 同程式全循环　　　图1-36 异程式自然循环

热水供应循环系统中根据循环动力的不同可分为自然循环方式和机械循环方式。自然循环方式是利用配水管和回水管中的水温差所形成的压力差，使管网内维持一定的循环流量，以补偿配水管道热损失，保证用户对热水温度的要求，如图 1-36 所示，该种方式适用于热水供应系统小，用户对水温要求不严格的系统中。

机械循环方式是在回水干管上设循环水泵强制一定量的水在管网中循环，以补偿配水管道热损失，保证用户对热水温度的要求，如图 1-34 所示，该种方式适用于中、大型且用户对热水温度要求严格的热水供应系统。

（5）全日供应、定时供应方式

热水供应系统根据热水供应的时间可分为全日供应方式和定时供应方式。全日供应方式是指热水供应系统管网在全天任何时刻都保持不低于循环流量的水量在进行循环，热水配水管网全天任何时刻都可配水，并保证水温。定时供应方式是指热水供应系统每天定时配水，其余时间系统停止运行，该方式在集中使用前，利用循环水泵将管网中已冷却的水强制循环到水加热器加热，达到规定水温时才使用。两种不同的方式，在循环水泵选型计算和运行管理上都有所不同。

热水的加热方式和热水的供应方式是按不同的标准进行分类的，但在一个完整的热水供应系统中，必然是由加热方式和供应方式经选择组合的一个综合方式，应根据现有条件和要求合理组合，确定出正确的方案。

课题 4　建筑排水系统

4.1　建筑排水系统的分类

建筑排水系统根据所接纳的污废水类型可分为三类。

4.1.1　生活污水排水系统

生活污水排水系统用来排除人们日常生活中盥洗、洗涤的生活废水和粪便污水。生活废水一般直接排入市政排水管道；粪便污水通常经化粪池处理后排入市政排水管道。

4.1.2　工业废水排水系统

工业废水排水系统指收集排出生产过程中所排出的污废水。为便于污废水的处理和综合利用，按污染程度可分为生产污水排水系统和生产废水排水系统。生产污水污染较重，需经过处理达到排放标准后排放；生产废水污染较轻，可作为杂用水源，也可经过简单处理后回用或排放水体。

4.1.3　屋面雨水排水系统

屋面雨水排水系统指收集排出建筑屋面上雨水、雪融化水的排水系统。

建筑排水体制分合流制和分流制，由于雨水管道系统需独立设置，因此对住宅排水而言，分流制是指粪便污水与生活废水分开排放的系统。

4.2　建筑排水系统的组成

建筑排水系统的基本要求是迅速通畅地排出建筑内部的污废水，保证排水管道系统气压稳定，排除管道系统内有害、有毒气体，保证室内环境卫生。管线布置力求简单顺直，

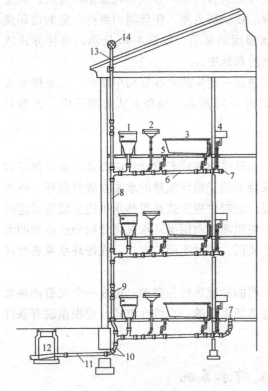

图 1-37　建筑排水系统

1—大便器；2—洗脸盆；3—浴盆；4—洗涤盆；

5—地漏；6—横支管；7—清扫口；8—立管；

9—检查口；10—45°弯头；11—排出管；

12—检查井；13—通气管；14—通气帽

造价低。如图 1-37 所示，建筑排水系统一般由以下几部分组成。

4.2.1　卫生器具或生产设备受水器

卫生器具或生产设备受水器是建筑内部给水终端，也是排水系统的起点，它们是用来承受用水和将用后的废水、废液排泄到排水系统中的容器。

4.2.2　排水管道系统

由器具排水管（连接卫生器具和横支管之间的一段短管，除坐式大便器外，其间含有一个存水弯）、有一定坡度的横支管、立管、埋地干管和排出管等组成。

4.2.3　通气系统

由于建筑内部排水管内是水气两相流，为保证管道排水畅通，存水弯内的水封不被破坏，需设通气系统。

4.2.4　清通设备

为疏通建筑内部排水管道，保障排水畅通，常需设检查口、清扫口、带清扫口的 90°弯头或三通、室内埋地横干管上的检查井等。

4.2.5　提升设备

工业与民用建筑的地下室、人防建筑物、高层建筑的地下技术层、地下铁道等地下建筑物内的污废水不能自流排至室外时，常需设提升设备。

4.2.6　污水局部处理构筑物

当建筑物内污水未经处理不能排入其他管道或市政排水管网和水体时，需设污水局部处理构筑物。

4.3　排水通气管系统

4.3.1　排水通气管系统的作用

（1）向排水管系统补给空气，使水流畅通，更重要的是减小排水管道内气压变化幅度，防止卫生器具水封破坏。

（2）使建筑内部排水管道中散发的臭气和有害气体排到室外。

（3）管道内经常有新鲜空气流通，可减轻管道内废气锈蚀管道的危害。

4.3.2　排水通气管系统的类型

（1）伸顶通气管

排水立管与最上层排水横支管连接处向上垂直延伸至室外作通气的管道。一般层数不高、卫生器具不多的建筑物仅设伸顶通气管即可。伸顶通气管应高出屋顶 0.3m 以上，且

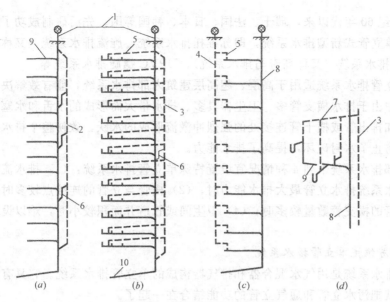

图 1-38 几种典型的通气方式

1—伸顶通气管；2—专用通气器；3—主通气管；4—副通气管；5—环形通气管；

6—结合通气管；7—器具通气管；8—排水立管；9—排水横支管；10—排出管

必须大于最大积雪高度，在其顶端应装风帽或网罩。

（2）专用通气立管（图 1-38（a））

仅与排水立管连接，为污水立管内空气流通而设置的垂直通气立管，在多层、高层建筑中，若排水立管承担的卫生器具不多且每层连接管段较短时，需设专用通气立管，而且必须要隔一定距离与排水立管用结合通气管相连。

（3）结合通气管（图 1-38 中的编号 6）

10 层以上的建筑，应在自顶层以下每隔 6～8 层处设结合通气管，连接排水立管与通气立管，加强通气能力。

（4）器具通气管（图 1-38（d））

对一些卫生标准要求较高的排水系统，例如高级旅游宾馆，应在每一个器具排水管上设置通气管。

（5）环形通气管（图 1-38（b）、（c））

1）若一根横支管接纳 6 个以上大便器具，因同时排水几率较大，为减少管内压力波动，应设环形通气管。

2）横支管接纳 4 个以上卫生器具，且管长大于 12m 时，同上理由也应设置。在设置环形通气管的同时应设置通气立管，通气管与排水立管可在同边设置，也可分开设置（称副通气立管）。

4.4 高层建筑新型排水系统

建筑内部排水系统，由于设置了专门的通气管系统，改善了水力条件，提高了排水能力，减少了排水管道内气压波动幅度，有效地防止了水封破坏，保证了室内良好的环境卫生。但是由此形成的双立管系统，致使管道繁杂，增加了管材耗量，施工困难，造价高。

从 20 世纪 60 年代以来，瑞士、法国、日本、韩国等国，先后研制成功了取消专用通气管系统的单立管式新型排水系统，即苏维托排水系统、旋流排水系统（又称塞克斯蒂阿系统）、芯形排水系统（又称高奇马排水系统）、UPVC 螺旋排水系统等。

特殊单立管排水系统适用于高层、超高层建筑内部排水系统，能有效解决高层建筑内部排水系统中由于排水横支管多、卫生器具多、排水量大而形成的水舌和水塞现象，克服了排水立管和排出管或横干管连接处的强烈冲激流形成的水跃，致使整个排水系统气压稳定，有效地防止了水封破坏，提高了排水能力。

建筑内部排水系统下列 4 种情况宜设置特殊单立管排水系统：（1）排水流量超过了普通单立管排水系统排水立管最大排水能力时；（2）横管与立管的连接点较多时；（3）同层接入排水立管的横支管数量较多时；（4）卫生间或管道井面积较小时，难以设置专用通气管的建筑。

4.4.1 苏维托单立管排水系统

苏维托排水系统是用气水混合器和排气器构成的单立管排水系统。它具有自身通气的作用，这样就把污水立管和通气立管的功能结合在一起了。

苏维托排水系统如图 1-39 所示。

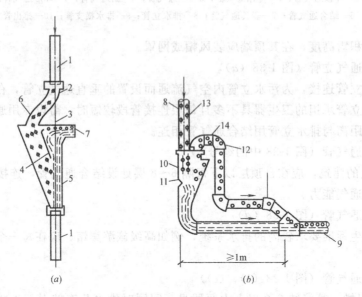

图 1-39 苏维托排水系统

(a) 气水混合器；(b) 气水分离器

1—立管；2—乙字管；3—孔隙；4—隔板；5—混合室；6—气水混合物；7—空气；8—立管；
9—横管；10—空气分离室；11—凸块；12—跑气管；13—气水混合物；14—空气

（1）混合器（气水混合器）

苏维托系统中的混合器是长约 80cm 的连接配件，装设在立管与每层楼横支管的连接处。横支管接入口有三个方向，混合器内部有三个特殊构造——乙字管、隔板和隔板上部约 1cm 高的孔隙。混合器的作用是：能限制立管内的水流及气流的速度，并使从支管来的污水有效的同立管中的空气混合。

自立管下降的污水，经乙字弯管时，水流撞击分散与周围空气混合成水沫状气水混合物，相对密度变轻，下降速度减缓，减小抽吸力。横支管排出的水受隔板阻挡，不能形成水舌，保持立管中气流通畅，气压稳定。

（2）跑气器（气水分离器）

苏维托系统中的跑气器通常装设在立管底部，它是由具有凸块的扩大箱体及跑气管组成的一种配件。跑气器的作用是，沿立管流下的气水混合物遇到内部的突块溅散，从而把气体（70%）从污水中分离出来，由此减少了污水的体积，降低了流速，并使立管和横干管的泄流能力平衡，气流不致在转弯处被阻；另外，将释放出的气体用一根跑气管引到干管的下游（或返向上接至立管中去），这就达到了防止立管底部产生过大反（正）压力的目的。

苏维托系统的主要优点是：（1）减少立管内的压力波动，降低正负压绝对值，保证排水系统工况良好。根据国外 10 层建筑的试验资料，当采用苏维托系统时，立管中的负压最大值不超过 40mm 水柱；而普通排水立管（$D_e = 100mm$），当污水流速约为 6.7m/s 时，立管中的负压最大值竟达 160mm 水柱。（2）节约大量管材，降低造价。根据美国对中、高层建筑，尤其是立管较多的单元式住宅、旅馆进行经济分析的结果表明，苏维托系统可节省投资 11.35% 左右。（3）有利于提高设计质量，加快施工进度以及有利于施工工业化。

4.4.2　旋流排水系统

旋流排水系统也称为"塞克斯蒂阿"系统，是法国建筑科学技术中心于 1967 年提出的一项新技术，后来广泛应用于 10 层以上的居住建筑。日本 20 世纪 70 年代中期引进使用，并进行了一系列实验测定，证实系统中的压力波动很小，性能良好，从而防止了水封的破坏，并使立管的排水能力大大提高。

旋流排水系统，系由各楼层排水横支管与排水立管连接起来的"旋流接头"和装设于立管底部的"特殊排水管弯头"所组成的。

旋流排水系统中的水流呈水平旋转，沿立管管壁向下流动。在立管管壁形成水膜流；在管道中心形成管心气流，管心气流的大小约占立管断面积的 80%。立管中的管心气流与各层楼横支管中的气流连通，并且通过伸出屋顶的通气管与外界空气相通，还通过立管、支管及干管中的气流，连成一体，贯通大气，因而保证了系统中压力的稳定。

（1）旋流接头

旋流接头的构造如图 1-40 所示，它由主体及盖板两部分组成。大便器污水管垂直接入大便器接口，污水通过导旋叶片沿立管断面的切线方向以旋流状态进入立管。除大便器污水管接口外，有 4～6 个生活废水管的接口，并有 12 块导旋叶片。

旋流连接配件的作用原理：1）横支管出流水经导旋叶片后形成一股旋流，围绕立管中的管心气流下落，水流沿管壁形成水膜层，因此保证立管中心的气流贯通全长而不致中途紊乱或受阻。2）立管中旋转下落的水流，由于下落距离的增加而使旋流减弱，经过下一层的旋流接头导旋叶片时，又进一步得到增强，这样就能够保证立管中心气流的贯通。3）当沿着立管内壁旋转下落的膜状水流途经旋流接头处时，被叶片突出的刀部截断而形成缺口，立管与横支管中的气流便能通过缺口而得到贯通。4）旋流连接配件的扩大部分可使水流速度降低。

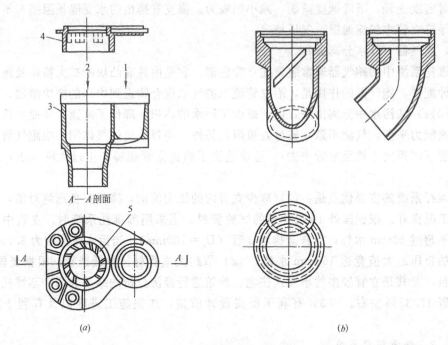

图 1-40 塞克斯蒂阿排水系统

(a) 旋流接头；(b) 特殊排水管弯头

1—接坐便器；2—接立管；3—底座；4—盖板；5—叶片

（2）特殊排水管弯头

在立管底部的排水弯头是一个装有特殊叶片的45°弯管。该特殊叶片能使下落水流溅向弯头后方流出，这样就避免了出户管（横干管）中发生水跃而封闭立管中的气流，以致造成过大的正压。

课题5　建筑给水排水施工图的识读

5.1　建筑给水排水施工图的组成

建筑给水排水施工图是表示房屋中卫生器具、给水排水管道及其附件的类型、大小以及与房屋的相对位置和安装方式的工程图。

建筑给水排水施工图主要由图纸目录、施工说明、给水排水平面图、系统图和详图等组成。

5.2　室内给水排水施工图的图示特点

（1）室内给水排水施工图中的平面图、详图等都是用正投影法绘制，系统图用轴测投影法绘制。

（2）室内给水排水施工图中（详图除外），各种卫生器具、管件、附件及闸门等均采用统一图例来表示，常用图例见表1-1。

名称	图例	说明	名称	图例	说明
管道	———	用于一张图上，只有一种管道	放水龙头		
	—J—	用汉语拼音字头表示管道类别	室内单出口消火栓		左为平面右为系统
	—P—		室内双出口消火栓		左为平面右为系统
	— —	用线型区分管道类别	自动喷淋头	下喷	左为平面右为系统
交叉管		管道交叉不连接，在下方和后方的管道应断开	淋浴喷头		
管道连接		左为三通右为四通	水表		
管道立管	JL　JL	J：管道类别L：立管	立式洗脸盆		
管道固定支架			浴盆		
多孔管			污水池		
存水弯			盥洗槽		
检查口			小便槽		
清扫口		左为平面右为系统	小便器		
通气帽		左为成品右为铅丝球	大便器		左为蹲式右为坐式
圆形地漏		左为平面右为系统	延时自闭阀		
截止阀		左为DN≥50右为DN<50	柔性防水套管		
闸阀			可曲挠接头		
止回阀					

（3）给水排水管道一般采用单线以粗线绘制，而建筑、结构的图形及有关设备均采用细线绘制。

（4）不同直径的管道，以相同线宽的线条表示；管道坡度无需按比例画出（画成水平即可）；管径和坡度均用数字注明。

（5）靠墙敷设管道，不必按比例准确表示出管线与墙面的微小距离，图中只需略有距离即可。暗装管道亦与明装管道一样画在墙外，只需说明哪些部分要求暗装。

（6）当在同一平面位置布置有几根不同高度的管道时，若严格按正投影来画，平面图就会重叠在一起，这时可画成平行排列。

（7）有关管道的连接配件均属规格统一的定型工业产品，在图中均不予画出。

5.3 建筑给水排水施工图的图示内容和图示方法

5.3.1 建筑给水排水平面图

（1）图示内容

室内给水排水平面图主要表明建筑物内给水排水管道及卫生器具、附件等的平面布置情况，主要包括：

1）室内卫生设备的类型、数量及平面位置。

2）室内给水系统和排水系统中各个干管、立管、支管的平面位置、走向、立管编号和管道的安装方式（明装或暗装）。

3）管道器材设备如阀门、消火栓、地漏、清扫口等的平面位置。

4）给水引入管、水表节点和污水排出管、检查井的平面位置、走向及与室外给水、排水管网的连接（底层平面图）。

5）管道及设备安装预留洞的位置、预埋件、管沟等方面对土建的要求。

（2）图示方法

1）比例。室内给水排水平面图的比例一般采用与建筑平面图相同的比例，常用1：100，必要时也可采用1：50、1：150、1：200等。

2）给水排水平面图的数量。多层建筑物的给水排水平面图，原则上应分层绘制。对于管道系统和用水设备布置相同的楼层平面可以绘制一个平面图即标准层给水排水平面图，但底层平面图必须单独画出。当屋顶设有水箱及管道时，应画出屋顶给水排水平面图；如果管道布置不复杂时，可在标准层平面图中用双点长画线画出水箱的位置。

3）给水排水平面图中的房屋平面图。在建筑给水排水平面图中所画的房屋平面图，仅作为管道系统及用水设备等平面布置和定位的基准，因此，房屋平面图中仅画出房屋的墙、柱、门窗、楼梯等主要部分，其余细部可省略。

底层给水排水平面图应画出整幢房屋的建筑平面图，其余各层可仅画出布置有管道的局部平面图。

4）给水排水平面图中的用水设备。用水设备中的洗脸盆、大便器、小便器等都是工业产品，不必详细表示，可按规定图例画出；而对于现场浇筑的用水设备，其详图由建筑专业绘制，在给水排水平面图中仅画出其主要轮廓即可。

5）给水排水平面图中的给水排水管道。

A. 给水排水平面图是水平剖切房屋后的水平正投影图。平面图的各种管道不论在楼面（地面）之上或之下，都不考虑其可见性。即每层平面图中的管道均以连接该层用水设备的管路为准，而不是以楼层地面为分界。如属本层使用、但安装在下层空间的排水管道，均绘于本层平面图上。

B. 一般将给水系统和排水系统绘制于同一平面图上，这对于设计、施工以及识读都比较方便。

C. 由于管道连接一般均采用连接配件，往往另有安装详图，平面图中的管道连接均为简略表示，具有示意性。

6）室内给水排水平面图中给水系统和排水系统的编号。

A. 在给水排水工程中，一般给水管用字母"J"表示；污水管及排水管用字母"W"、

"P"表示；雨水管用字母"Y"表示；热水管用"R"表示。

B. 在底层给水排水平面图中，当建筑物的给水引入管和污水排出管的数量多于一个时，应对每一个给水引入管和污水排出管进行编号。系统的划分一般给水系统以每一个引入管为一个给水系统，排水系统以每一排出管为一排水系统。给水系统和排水系统的编号如图 1-41 所示。

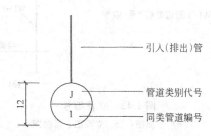

图 1-41　建筑给水系统和排水系统的编号

7）尺寸标注。

A. 在室内给水排水管道平面图中应标注墙或柱的轴线尺寸，以及室内外地面和各层楼面的标高。

B. 卫生器具和管道一般都是沿墙或靠柱设置的，不必标注定位尺寸（一般在说明中写出）；必要时，以墙面或柱面为基准标注尺寸。卫生器具的规格可注在引出线上，或在施工说明中说明。

C. 管道的管径、坡度和标高均标注在管道的系统图中，在管道的平面图中不必标出。

D. 管道长度尺寸用比例尺从图中量出近似尺寸，在安装时则以实测尺寸为准，所以在管道平面图中也不标注管道的长度尺寸。

5.3.2　室内给水排水系统图

（1）图示内容

室内给水排水系统图是给水排水工程施工图中的主要图纸，分为给水系统图和排水系统图两种，分别表示给水管道系统和排水管道系统的空间走向，各管段的管径、标高、排水管道的坡度，以及各种附件在管道上的位置。

（2）图示方法

1）轴向选择

室内给水排水系统图一般采用正面斜等轴测图绘制，OX 轴处于水平方向，OY 轴一般与水平线呈 45°（也可以呈 30°或 60°），OZ 轴处于铅垂方向。三个轴向伸缩系数均为 1。

2）比例

A. 室内给水排水系统图的比例一般采用与平面图相同的比例，当系统比较复杂时也可以放大比例。

B. 当采用与平面图相同的比例时，OX、OY 轴方向的尺寸可直接从平面图上量取，OZ 轴方向的尺寸可依层高和设备安装高度量取。

3）室内给水排水系统图的数量

室内给水排水系统图的数量按给水引入管和污水排出管的数量而定，各管道系统图一般应按系统分别绘制，即每一个给水引入管或污水排出管都对应着一个系统图。每一个管道系统图的编号都应与平面图中的系统编号相一致，系统的编号如图 1-41 所示。建筑物内垂直楼层的立管，其数量多于一个时，也用拼音字母和阿拉伯数字为管道进出口编号，如图 1-42 所示。

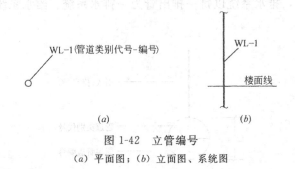

WL-1(管道类别代号-编号)

WL-1

楼面线

图 1-42　立管编号

(a) 平面图；(b) 立面图、系统图

4）室内给水排水系统图中的管道

A. 系统图中管道的画法与平面图中一样，给水管道用粗实线表示，排水管道用粗虚线表示；给水、排水管道上的附件（如闸阀、水龙头、检查口等）用图例表示；用水设备不画出。

B. 当空间交叉管道在图中相交时，在相交处将被挡在后面或下面的管线断开。

C. 当各层管道布置相同时，不必层层重复画出，只需在管道省略折断处标注"同某层"即可。各管道连接的画法具有示意性。

D. 当管道过于集中，无法表达清楚时，可将某些管段断开，移至别处画出，在断开处给以明确标记。

5）室内给水排水系统图中墙和楼层地面的画法

在管道系统图中还应用细实线画出，被管道穿过的墙、柱、地面、楼面和屋面，其表示方法如图 1-42 所示。

6）尺寸标注

A. 管径。管道系统中所有管段均需标注管径。当连续几段管段的管径相同时，仅标注两端管段的管径，中间管段管径可省略不用标注，管径的单位为毫米。水煤气输送钢管（镀锌、非镀锌）、铸铁管等管材，管径应以公称直径"DN"表示（如 DN50）；耐酸陶瓷管、混凝土管、钢筋混凝土管、陶土管等，管径应以内径 d 表示（如 d380）；焊接钢管、无缝钢管等管径应以外径 X 壁厚表示（如 D108X4）。

管径在图纸上一般标注在以下位置：a. 管径变径处；b. 水平管道标注在管道的上方，倾斜管道标注在管道的斜上方，立管道标注在管道的左侧，如图 1-43 所示，当管径无法按上述位置标注时，可另找适当位置标注；c. 多根管线的管径可用引出线进行标注，如图 1-44 所示。

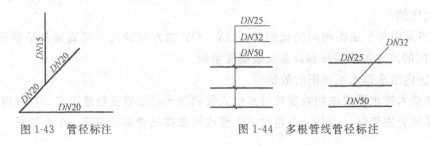

图 1-43　管径标注　　　　　　　图 1-44　多根管线管径标注

B. 标高。室内管道系统图中标注的标高是相对标高。给水管道系统图中给水横管的标高均标注管中心标高，一般要注出横管、阀门、水龙头和水箱各部位的标高。此外，还要标注室内地面、室外地面、各层楼面和屋面的标高。

排水管道系统图中排水横管的标高也可标注管中心标高，但要注明。排水横管的标高自卫生器具的安装高度所决定，所以一般不标注排水横管的标高，而只标注排水横管起点的标高。另外，还要标注室内地面、室外地面、各层楼面和屋面、立管管顶，检查口的标高。标高的标注如图 1-45 所示。

C. 凡有坡度的横管都要注出其坡度。管道的坡度及坡向表示管道的倾斜程度和坡度方向。标注坡度时，在坡度数字下，应加注坡度符号。坡度符号的箭头一般指向下坡方向，如图 1-46 所示。一般室内给水横管没有坡度，室内排水横管有坡度。

7）图例

平面图和系统图应列出统一的图例，其大小要与平面图中的图例大小相同。

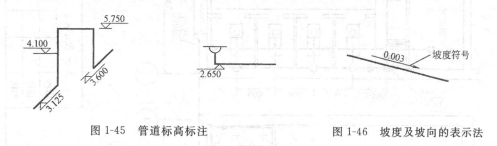

图 1-45　管道标高标注　　　　　　　　图 1-46　坡度及坡向的表示法

5.4　识 读 举 例

图 1-47、图 1-48、图 1-49 分别为室内给水排水管道平面图、室内给水管道系统图、室内排水管道系统图示例。

（1）首先根据平面图了解室内卫生器具及用水设备的平面布置情况。

该建筑共有 3 层，底层是男厕所、盥洗室及男浴室。厕所内有四个蹲式大便器、小便池、洗涤池和盥洗槽。浴室内有四个淋浴喷头和盥洗槽。

二、三层卫生器具布置完全相同，分别是男、女厕所。

（2）弄清楚有几个给水系统和几个排水系统，分别识读。

该建筑内有一个给水系统和两个排水系统。给水系统为 $\frac{J}{1}$，排水系统为 $\frac{P}{1}$、$\frac{P}{2}$。该建筑内还有消防管道系统和热水管道系统。

给水系统的引入管上安装有水表，穿越定位轴线为①的墙体进入室内，供给室内厕所、浴室和消防用水。识读给水系统图时，对照平面图，沿水流方向按引入管→立管→横支管→用水设备的顺序识读。

排水系统 $\frac{P}{1}$ 收集男厕所产生的污水，排水系统 $\frac{P}{2}$ 收集二、三层女厕所产生的污水及一层男浴室产生的污水。其排出管穿越定位轴线为Ⓐ的墙体，将污水排出室外。

识读排水系统图时，对照平面图，沿水流方向按用水设备的存水弯→横支管→立管→排出管的顺序识读。

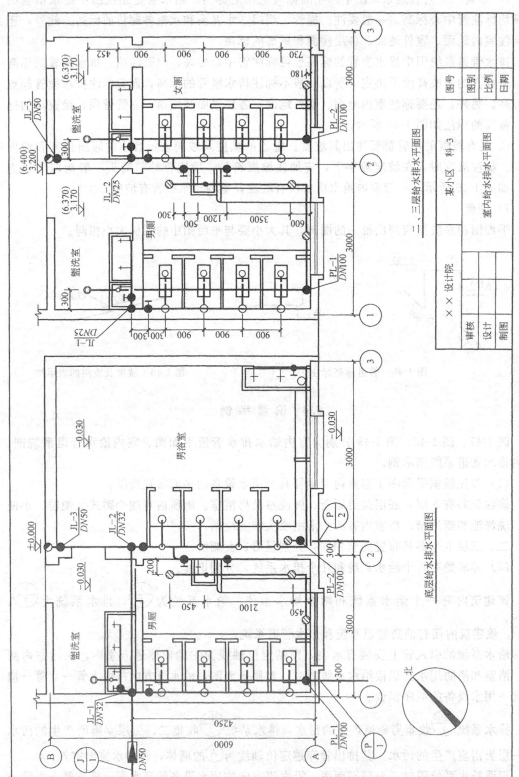

图 1-47 某建筑室内给水排水平面图

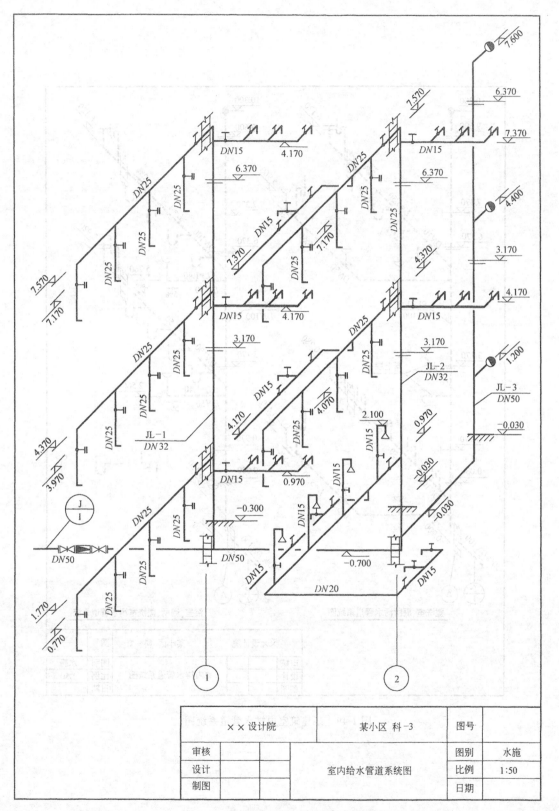

××设计院		某小区 科-3	图号	
审核			图别	水施
设计		室内给水管道系统图	比例	1:50
制图			日期	

图 1-48 某建筑室内给水管道系统图

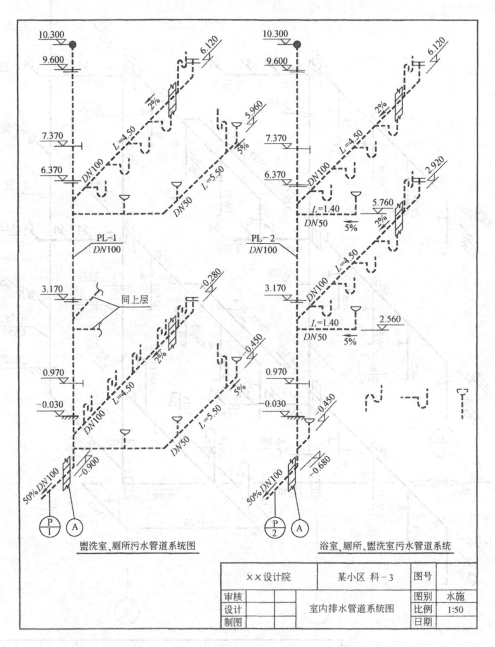

图 1-49 某建筑室内排水管道系统图

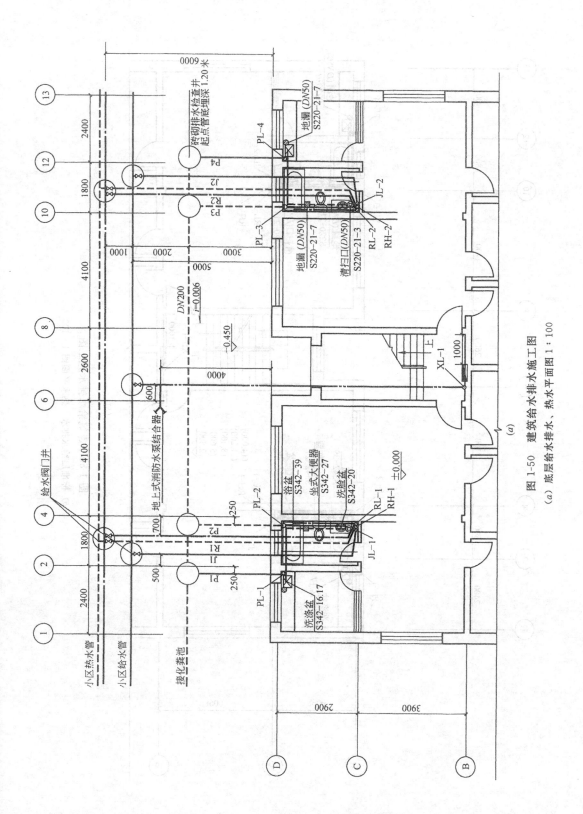

图 1-50　建筑给水排水施工图

(a) 底层给水排水、热水平面图 1:100

(a)

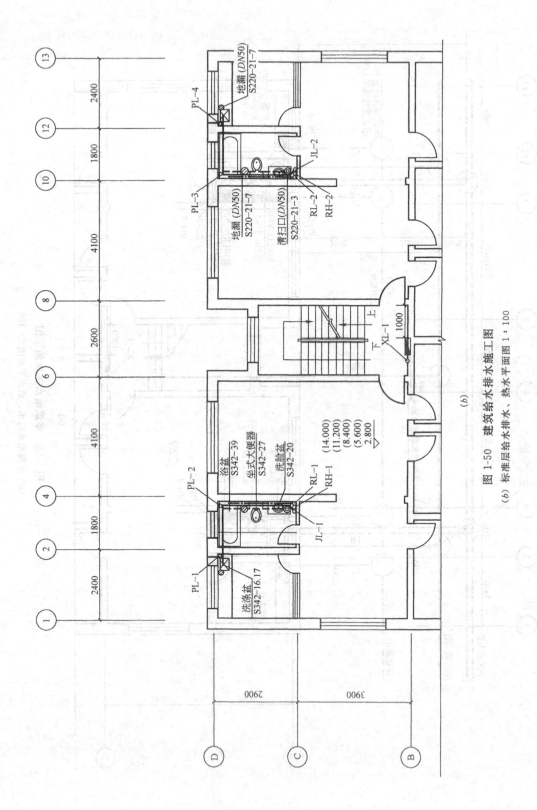

图 1-50 建筑给水排水施工图

(b) 标准层给水排水、热水平面图 1:100

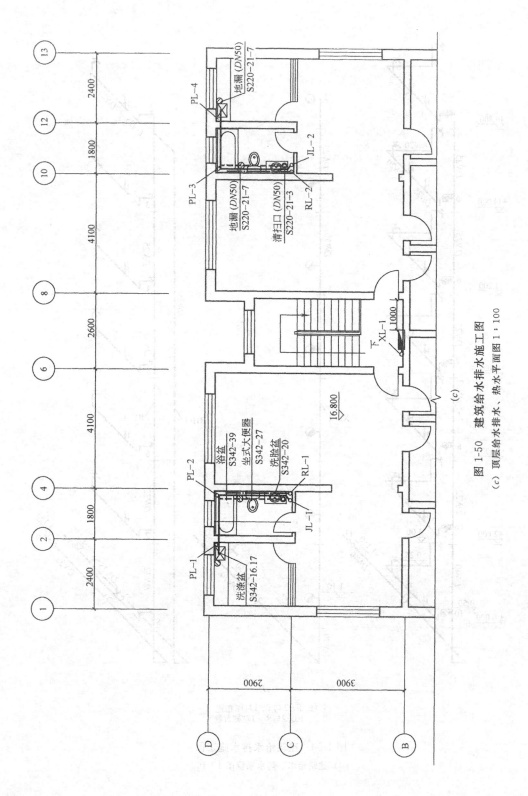

图 1-50 建筑给水排水施工图

(c) 顶层给水排水、热水平面图 1∶100

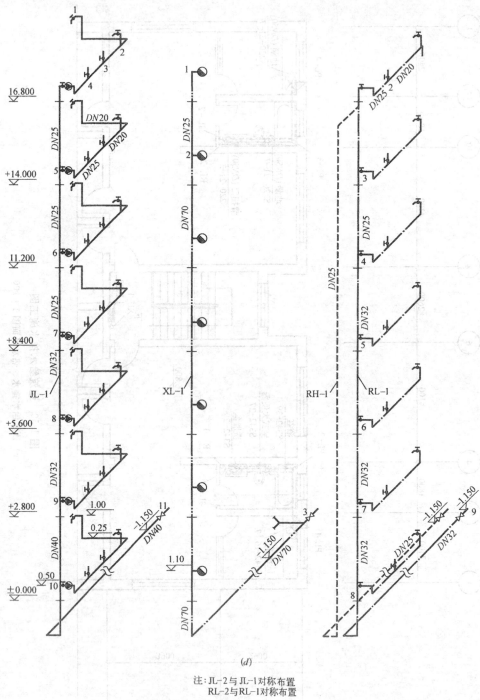

注：JL-2与JL-1对称布置
RL-2与RL-1对称布置

图 1-50　建筑给水排水施工图

(d) 建筑给水、热水系统图 1：100

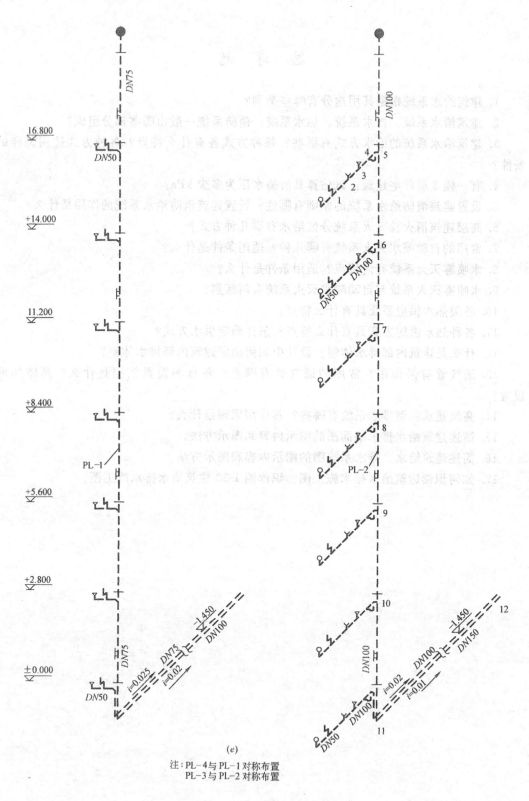

注：PL-4与PL-1对称布置
　　PL-3与PL-2对称布置

图 1-50　建筑给水排水施工图
(e) 建筑排水系统图 1：100

思 考 题

1. 建筑给水系统根据其用途分有哪些类别?

2. 建筑给水系统、排水系统、热水系统、消防系统一般由哪些部分组成?

3. 建筑给水系统的给水方式有哪些? 每种方式各有什么特点? 各种方式适用怎样的条件?

4. 有一幢 8 层住宅建筑,试估算其所需水压为多少 kPa?

5. 设置建筑消防给水系统的原则有哪些? 设置建筑消防给水系统的作用是什么?

6. 高层建筑消火栓灭火系统分区给水有哪几种方式?

7. 常用的自动喷水灭火系统有哪几种? 适用条件是什么?

8. 水喷雾灭火系统有何特点? 适用条件是什么?

9. 水喷雾灭火系统与自动喷水灭火系统有何区别?

10. 各类热水供应系统具有什么特点?

11. 各种热水供应方式具有什么特点? 怎样确定供水方式?

12. 什么是建筑内部排水体制? 设计中如何确定建筑内部排水体制?

13. 通气管有何作用? 常用的通气管有哪些? 各自的设置依据是什么? 具体如何设置?

14. 高层建筑新型排水系统有哪些? 其作用原理是什么?

15. 简述建筑给水排水平面图的图示内容和图示方法。

16. 简述建筑给水、排水系统图的图示内容和图示方法。

17. 如何识读建筑给水排水施工图? 识读图 1-50 建筑给水排水施工图。

单元 2　建筑给水系统安装

知 识 点：本单元包含内容为（1）建筑给水系统常用的管材、配件和附件；（2）建筑给水系统的布置与敷设；（3）建筑给水管道系统及附件的安装；（4）建筑给水系统安装时应注意的质量问题和施工与验收规范。

教学目标：掌握建筑给水系统的管道、阀门、水泵的安装要求、安装方法及质量验收规范。

课题 1　建筑给水系统常用的管材、配件和附件

1.1　常用建筑给水管道材料

建筑给水管道管材常用的有塑料管、复合管、钢管、不锈钢管、有衬里的铸铁管和经防腐处理的钢管等。

1.1.1　塑料管

近年来，给水塑料管的开发在我国取得了很大的进展，给水塑料管管材有聚氯乙烯管、聚乙烯管（高密度聚乙烯管、交联聚乙烯管）、聚丙烯管、聚丁烯管和 ABS 管等。塑料管有良好的化学稳定性，耐腐蚀，不受酸、碱、盐、油类等物质的侵蚀；物理机械性能也很好，不燃烧、无不良气味、质轻且坚，密度仅为钢的五分之一，运输安装方便；管壁光滑，水流阻力小；容易切割，还可制造成各种颜色。当前，已有专供输送热水使用的塑料管，其使用温度可达 95℃。为了防止管网水质污染，塑料管的使用推广正在加速进行，并将逐步替代质地较差的金属管。表 2-1 为硬聚氯乙烯管规格。

1.1.2　给水铸铁管

我国生产的给水铸铁管，按其材质分为球墨铸铁管和普通灰口铸铁管，按其浇注形式分为砂型离心铸铁直管和连续铸铁直管（但目前市场上小口径球墨铸铁管较少）。铸铁管具有耐腐蚀性强（为保证其水质，还是应有衬里）、使用期长、价格较低等优点。其缺点是性脆、长度小、重量大。表 2-2 为铸铁管规格。

1.1.3　钢管

钢管有焊接钢管、无缝钢管两种。焊接钢管又分镀锌钢管和不镀锌钢管。钢管镀锌的目的是防锈、防腐、避免水质变坏，延长使用年限。所谓镀锌钢管，应当是热浸镀锌工艺生产的产品。钢管的强度高，承受流体的压力大，抗振性能好，长度大，接头较少，韧性好，加工安装方便，重量比铸铁管轻。但抗腐蚀性差，易影响水质。因此，虽然以前在建筑给水中普遍使用钢管，但现在冷浸镀锌钢管已被淘汰，热浸镀锌钢管也限制场合使用（如果使用，需经可靠防腐处理）。表 2-3 为焊接钢管规格。

表 2-1

硬聚氯乙烯管规格（GB 10002.1—98）

公称外径 De(mm)		壁厚 δ			
		公称压力			
		0.63MPa		1.00MPa	
基本尺寸	允许偏差	基本尺寸	允许偏差	基本尺寸	允许偏差
20	0.3	1.6	0.4	1.9	0.4
25	0.3	1.6	0.4	1.9	0.4
32	0.3	1.6	0.4	1.9	0.4
40	0.3	1.6	0.4	1.9	0.4
50	0.3	1.6	0.4	2.4	0.5
65	0.3	2.0	0.4	3.0	0.5
75	0.3	2.3	0.5	3.6	0.6
90	0.3	2.7	0.5	4.3	0.7
110	0.4	3.4	0.6	5.3	0.8
125	0.4	3.9	0.6	6.0	0.8
140	0.5	4.3	0.7	6.7	0.9
160	0.5	4.9	0.7	7.7	1.0
180	0.6	5.5	0.8	8.6	1.1
200	0.6	6.2	0.9	9.6	1.2
225	0.7	6.9	0.9	10.8	1.3
250	0.8	7.7	1.0	11.9	1.4
280	0.9	8.6	1.1	13.4	1.6
315	1.0	9.7	1.2	15.0	1.7

注：1. 壁厚是以20℃时环向应力为10MPa确定的。

2. 管材长度为4m、6m、10m、12m。

3. 公称压力是管材在20℃下输送水的工作压力。

铸铁管规格

表 2-2

	公称直径 DN(mm)	外径 D_2 (mm)	壁厚(mm)			管支总重量(kg/节)								
						有效长度 4000mm			有效长度 5000mm			有效长度 6000mm		
			LA级	A级	B级	LA级	A级	B级	LA级	A级	B级	LA级	A级	B级
灰口连续铸铁管	75	93.0	9.0	9.0	9.0	75.1	75.1	75.1	92.2	92.2	92.2			
	100	118.0	9.0	9.0	9.0	97.1	97.1	97.1	119	119	119			
	150	169.0	9.0	9.2	10.0	142	145	155	174	178	191	207	211	227
	200	220.0	9.2	10.1	11.0	191	208	224	235	256	276	279	304	328

注：1. 表中LA级、A级和B级的实验压力依次为2.0MPa、2.5MPa和3.0MPa

2. 标记示例：DN500mm，壁厚A级有效长度为5m的连续铸造灰口铸铁直管，其标记为：A-500-5000-GB 3422—82

	DN(mm)	壁厚(mm)	有效管长(mm)	制造方法	重量(kg)	
					直管每米重	每根管总重
球墨铸铁管	500	8.5			99.2	650
	600	10			139	905
	700	11		离心铸造	178	1160
	800	12	6000		222	1440
	900	13			270	1760
	1000	14.5		连续铸造	334	2180
	1200	17			469	3060

低压流体输送用焊接（GB 3092—87）、镀锌焊接（GB 3091—87）钢管规格　　表 2-3

公称直径 （mm）	钢管外径 （mm）	普通钢管		加厚钢管		备　注
		壁厚（mm）	重量（kg/m）	壁厚 mm	重量（kg/m）	
15	21.3	2.75	1.26	3.25	1.45	
20	26.8	2.75	1.63	3.50	2.01	
25	33.5	3.25	2.42	4.0	2.91	
32	42.3	3.25	3.13	4.0	3.78	
40	48	3.5	3.84	4.25	4.56	1. 镀锌钢管约比不镀锌钢管重
50	60	3.5	4.88	4.5	6.16	3%～6%。
65	75.5	3.75	6.64	4.50	7.88	2. 出厂试验水压力：普通钢管
80	88.5	4.0	8.34	4.75	9.81	2MPa；加厚钢管 3MPa
100	114	4.0	10.85	5.0	13.44	
125	140	4.5	15.04	5.5	18.24	
150	165	4.5	17.81	5.5	21.63	

1.1.4　其他管材

其他管材包括：铜管、不锈钢管、铝塑复合管、钢塑复合管等。

铜管可以有效地防止卫生洁具被污染，且光亮美观、豪华气派。目前其连接配件、阀门等也配套产出。根据我国几十年的使用情况，验证其效果优良。只是由于管材价格较高，现在多用于宾馆等较高级的建筑之中。

不锈钢管表面光滑，亮洁美观，摩擦阻力小；重量较轻，强度高且有良好的韧性，容易加工；耐腐性能优异，无毒无害，安全可靠，不影响水质。其配件、阀门均已配套。由于人们越来越讲究水质的高标准，不锈钢管的使用呈快速上升之势。

钢塑复合管有衬塑和涂塑两类，也生产有相应的配件、附件。它兼有钢管强度高和塑料管耐腐蚀、保持水质的优点。

铝塑复合管是中间以铝合金为骨架，内外壁均为聚乙烯等塑料的管道。除具有塑料管的优点外，还有耐压强度好、耐热、可挠曲、接口少、安装方便、美观等优点。目前管材规格大都为 $DN15 \sim DN40$，多用作建筑给水系统的分支管。

在实际工程中，应根据水质要求和建筑使用要求等因素选择管材。生活给水管应选用耐腐蚀和连接方便的管材，一般可采用塑料管、塑料和金属的复合管、薄壁金属管（铜管、不锈钢管）等；生活直饮水管材可选用不锈钢管、铜管等；消防与生活共用给水管网，消防给水管管材常采用热浸镀锌钢管；自动喷水灭火系统的消防给水管应采用热浸镀锌钢管；热水系统的管材应采用热浸镀锌钢管、薄壁金属管、塑料管、塑料复合管等管材；埋地给水管道一般可采用塑料管、有衬里的球墨铸铁管和经可靠防腐处理的钢管等。

1.2　给水管道配件与管道连接

给水管道配件是指在管道系统中起连接、变径、转向、分支等作用的零件，又称管件。各种不同管材有相应的管道配件，管道配件有带螺纹接头（多用于塑料管、钢管，如图 2-1 所示）、带法兰接头、带承插接头（多用于铸铁管、塑料管）等几种形式。

常用各种管材的连接方法如下：

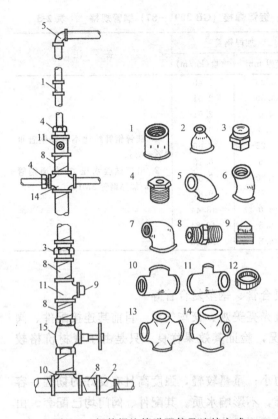

图 2-1　钢管螺纹管道配件及连接方式

1—管箍；2—异径管箍；3—活接头；4—补心；
5—90°弯头；6—45°弯头；7—异径弯头；
8—内管箍；9—管塞；10—等径三通；
11—异径三通；12—根母；13—等径四通；
14—异径四通；15—阀门

1.2.1　塑料管的连接方法

塑料管的连接方法一般有：螺纹连接（其配件为注塑制品）、焊接（热空气焊、热熔焊、电熔焊）、法兰连接、螺纹卡套压接，还有承插接口、胶粘连接等。

1.2.2　铸铁管的连接方法

铸铁管的连接多用承插方式连接，连接阀门等处也用法兰盘连接。承插接口有柔性接口和刚性接口两类，柔性接口采用橡胶圈接口，刚性接口采用石棉水泥接口、膨胀性填料接口，重要场合可用铅接口。铸铁管的管道配件有弯头、三通、四通、大小头、双承短管等。

1.2.3　钢管的连接方法

钢管的连接方法有螺纹连接、焊接和法兰连接。

（1）螺纹连接

即利用带螺纹的管道配件连接。配件用可锻铸铁制成，抗腐性及机械强度均较大，也分镀锌与不镀锌两种，钢制配件较少。镀锌钢管必须用螺纹连接，其配件也应为镀锌配件。这种方法多用于明装管道。

（2）焊接

焊接是用焊机、焊条烧焊将两段管道连接在一起。优点是接头紧密，不漏水，不需配件，施工迅速，但无法拆卸。焊接只适用于不镀锌钢管。这种方法多用于暗装管道。

（3）法兰连接

在较大管径（50mm 以上）的管道上，常将法兰盘焊接（或用螺纹连接）在管端，再以螺栓将两个法兰连接在一起，进而两段管道也就连在一起了。法兰连接一般用在连接阀门、止回阀、水表、水泵等处，以及需要经常拆卸、检修的管段上。

1.2.4　铜管的连接方法

铜管的连接方法有：螺纹卡套压接、焊接（有内置锡环焊接配件、内置银合金环焊接配件、加添焊药焊接配件）等。

1.2.5　不锈钢管的连接方法

不锈钢管一般有焊接、螺纹连接、法兰连接、卡套压接和铰口连接等。

1.2.6　复合管的连接方法

钢塑复合管一般用螺纹连接，其配件一般也是钢塑制品。

铝塑复合管一般采用卡套式连接，其配件一般是铜制品，它是先将配件螺帽套在管道端头，再把配件内芯套入端内，然后用扳手扳紧配件与螺帽即可。

1.3 管道附件

管道附件是给水管网系统中调节水量、水压,控制水流方向,关断水流等各类装置的总称,可分为配水附件和控制附件两类。

1.3.1 配水附件

配水附件用以调节和分配水流。其种类如图 2-2 所示。

(1) 配水水嘴

1) 截止阀式配水水嘴。一般安装在洗涤盆、污水盆、盥洗槽上。该水嘴阻力较大,其橡胶衬垫容易磨损,使之漏水。一些发达城市正逐渐淘汰此种铸铁水嘴,取而代之的是塑料制品和不锈钢制品等。

2) 塞式配水水嘴。该水嘴旋转 90°即完全开启,可在短时间内获得较大流量,阻力也较小,缺点是易产生水击,适用于浴池、洗衣房、开水间等处。

3) 瓷片式配水水嘴。该水嘴采用陶瓷片阀芯代替橡胶衬垫,解决了普通水嘴的漏水问题。陶瓷片阀芯是利用陶瓷淬火技术制成的一种耐用材料,它能承受高温及高腐蚀,有很高的硬度,光滑平整、耐磨,是现在广泛推荐的产品,但价格较贵。

(2) 盥洗水嘴

这种水嘴设在洗脸盆上供冷水(或热水)用。有莲蓬头式、鸭嘴式、角式、长脖式等多种形式。

(3) 混合水嘴

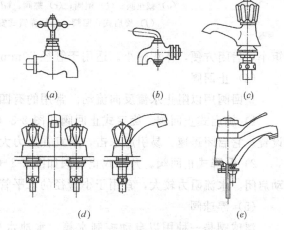

图 2-2 配水附件

(a) 普通式水龙头;(b) 旋塞式水龙头;(c) 洗脸盆水龙头;
(d) 冷热水混合龙头;(e) 冷热水单柄龙头

这种水嘴是将冷水、热水混合调节为温水的水嘴,供盥洗、洗涤、沐浴等使用。该类新型水嘴式样繁多、外观光亮、质地优良,其价格差异也较悬殊。

此外,还有小便器水嘴、皮带水嘴、消防水嘴、电子自动水嘴等。

1.3.2 控制附件

控制附件用以调节水量或水压、关断水流、改变水流方向等。

(1) 截止阀

截止阀如图 2-3 (a) 所示。此阀关闭严密,但水流阻力大,适用在管径≤50mm 的管道上。

(2) 闸阀

闸阀如图 2-3 (b) 所示。此阀全开时水流呈直线通过,阻力较小。但如有杂质落入阀座后,阀门不能关闭严实,因而产生磨损和漏水。当管径在 70mm 以上时采用此阀。

(3) 蝶阀

闸阀如图 2-3 (c) 所示。阀板在 90°翻转范围内起调节、节流、和关闭作用。操作扭

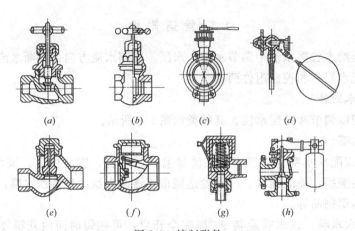

图 2-3　控制附件

(a) 截止阀；(b) 闸阀；(c) 蝶阀；(d) 浮球阀；(e) 升降式止回阀；

(f) 旋启式止回阀；(g) 弹簧式安全阀；(h) 杠杆式安全阀

矩小，启闭方便，体积较小。适用于管径 70mm 以上或双向流动管道上。

（4）止回阀

止回阀用以阻止水流反向流动。常用的有四种类型：

1）旋启式止回阀。旋启式止回阀如图 2-3（f）所示。此阀在水平、垂直管道上均可设置。它启闭迅速，易引起水击，不宜在压力大的管道系统中采用。

2）升降式止回阀。升降式止回阀如图 2-3（e）所示。它是靠上下游压力差使阀盘自动启闭。水流阻力较大，宜用于小管径的水平管道上。

（5）浮球阀

浮球阀是一种用以自动控制水箱、水池水位的阀门，防止溢流浪费。如图 2-3（d）所示（还有其他式样）。其缺点是体积较大，阀芯易卡住引起关闭不严而溢水。

（6）安全阀

安全阀是一种保安器材。管网中安装此阀可以避免管网、用具或密闭水箱因超压而受到破坏。一般有弹簧式、杠杆式两种，如图 2-3（g）、（h）所示。

（7）减压阀

减压阀的作用是降低水流压力。在高层建筑中使用，可以简化给水系统，减小水泵数量或减少减压水箱，同时可增加建筑的使用面积，降低投资，防止水质的二次污染。在消火栓给水系统中可用它防止消火栓栓口处超压现象。因此，它的使用越来越广泛。

减压阀常用的有两种类型，即弹簧式减压阀和活塞式减压阀。

除上述各种控制阀之外，还有脚踏阀、液压阀、水力控制阀、弹簧座封闸阀、静音式止回阀、泄压阀、排气阀、温度调节阀等。

课题 2　建筑给水管道的布置与敷设

进行建筑给水管道布置和敷设，必须首先了解建筑物的建筑和结构设计情况、使用功能和室内所有建筑设备的整体布置方案，然后综合考虑本系统、室内消防给水系统、热水供应系统和排水系统的布置，同时兼顾其他专业设计。

2.1 建筑给水管道的布置原则

（1）满足最佳的水力条件，确保供水的安全可靠。

1）给水管道布置应力求短而直，尽可能与墙、梁、柱和板平行；给水引入管宜布置在用水量最大处或不允许间断供水处；给水干管宜靠近用水量最大处或不允许间断供水处。

2）不允许间断供水的建筑，给水引入管应设两条，在建筑物内部连成环状或贯通枝状双向供水。设置两条引入管时，应从外部环状给水管网的不同侧面引入，如不可能且又不允许间断供水，应采取下列安全供水措施之一：

A. 设储水池或储水箱；

B. 有条件时，利用循环给水系统；

C. 增设第二水源；

D. 从环网的同侧引入，但两个引入管的间距不得小于 10m，在连接点间的外部给水管道上应设置阀门。

（2）保证建筑物的使用功能和生产安全。

给水管道不能妨碍生产操作、生产安全、交通运输和建筑物的使用。故管道不应穿越配电间，以免因渗漏造成电气设备故障或短路；不能布置在遇水易引起燃烧、爆炸、损坏的设备、产品和原料上方，还应避免在生产设备上面布置管道。

（3）保证给水管道的正常使用。

埋地给水管道应避免布置在可能被重物压坏处；为防止振动，管道不得穿越生产设备基础，如必须穿越时，应与有关专业人员协商处理并采取保护措施；管道不宜穿过伸缩缝、沉降缝，如必须穿过，应采取保护措施，如：软接头法（使用橡胶管或波管）、丝扣弯头法、活动支架法等；为防止管道腐蚀，管道不得设在烟道、风道、电梯井和排水沟内，不宜穿越橱窗、壁柜，不得穿过大小便槽，给水立管距大、小便槽端部不小于 0.5m。

塑料给水管应远离热源，立管距灶边不得小于 0.4m，与供暖管道、燃气热水器边缘净距不得小于 0.2m，且不得因热辐射使管外壁温度大于 40℃；塑料给水管道不得与水加热器或热水炉直接连接，应有不小于 0.4m 的金属管段过渡；塑料管与其他管道交叉敷设时，应采取保护措施或用金属套管保护，建筑物内塑料立管穿越楼板和屋面处应为固定支承点；给水管道的伸缩补偿装置，应按直线长度、管材的线膨胀系数、环境温度和管内水温的变化、管道节点的允许位移量等因素经计算确定，应尽量利用管道自身的折角补偿温度变形。

（4）便于管道的安装与维修。

布置管道时，其周围要留有一定的空间，在管道井中布置管道要排列有序，以满足安装维修的要求。需进入检修的管道井，其通道不宜小于 0.6m。管道井每层应设检修设施，每两层应有横向隔断。检修门宜开向走廊。给水管道与其他管道和建筑结构的最小净距应满足安装操作需要且不宜小于 0.3m。

2.2 建筑给水管道的敷设形式

建筑内部给水管道的敷设，根据建筑对卫生、美观方面要求不同，分为明装和暗装两类。

明装即管道外露，沿墙面、梁面、柱面、顶棚下、地板旁敷设。其优点是造价低，施工安装、维护修理均较方便。缺点是由于管道表面积灰、产生凝水等影响环境卫生，而且明装有碍房屋美观。一般建筑采用明装方式。

暗装即管道隐蔽，敷设在管道井、技术层、管沟、墙槽、顶棚或夹壁墙中，或直接埋地或埋在楼板的垫层里。其优点是管道不影响室内美观、整洁。缺点是施工复杂、维修困难、造价高。适用于对卫生、美观要求较高的建筑，如宾馆、高级公寓和要求整洁的车间、实验室、无菌室等。

2.3　给水管道的防护

2.3.1　防腐

金属管道的外壁容易氧化锈蚀，必须采取措施予以防护，以延长管道的使用寿命。通常明装的、埋地的金属管道外壁都应进行防腐处理。常见的防腐做法是管道除锈后，在外壁涂刷防腐涂料（具体施工方法见安装部分）。管道外壁所做的防腐层数，应根据防腐的要求确定。当给水管道及配件设在含有腐蚀性气体房间内时，应采用耐腐蚀管材或在管外壁采取防腐措施。

2.3.2　防冻

当管道及其配件设置在温度低于0℃以下的环境时，为保证使用安全，应当采取保温措施。

2.3.3　防露

在湿热的气候条件下，或在空气湿度较高的房间内，给水管道内的水温较低，空气中的水分会凝结成水附着在管道表面，严重时会产生滴水。这种管道结露现象，一方面会加速管道的腐蚀，另外还会影响建筑物的使用，如使墙面受潮、粉刷层脱落，影响墙体质量和建筑美观，有时还可能造成地面少量积水或影响地面上的某些设备、设施的使用等等。因此，在这种场所就应当采取防露措施（具体做法与保温相同）。

2.3.4　防漏

如果管道布置不当，或者是管材质量和敷设施工质量低劣，都可能导致管道漏水。这不仅浪费水量、影响正常供水，严重时还会损坏建筑，特别是湿陷性黄土地区，埋地管漏水将会造成土壤湿陷，影响建筑基础的稳固性。防漏的办法：（1）避免将管道布置在易受外力损坏的位置，或采取必要且有效的保护措施，免其直接承受外力；（2）要健全管理制度，加强管材质量和施工质量的检查监督；（3）在湿陷性黄土地区，可将埋地管道设在防水性能良好的检漏管沟内，一旦漏水，水可沿沟排至检漏井内，便于及时发现和检修（管径较小的管道，也可敷设在检漏套管内）。

2.3.5　防振

当管道中水流速度过大，关闭水嘴、阀门时，易出现水击现象，会引起管道、附件的振动，不仅会损坏管道、附件造成漏水，还会产生噪声。为防止管道的损坏和噪声的污染，在设计时应控制管道的水流速度，尽量减少使用电磁阀或速闭型阀门、水嘴。住宅建筑进户支管阀门后，应装设一个家用可曲挠橡胶接头进行隔振，并可在管道支架、吊架内衬垫减振材料，以减小噪声的扩散。

课题3 管道支架的安装

管道支架的作用是支撑管道，同时还有限制管道的变形和位移的作用。管道支架的制作与安装是管道安装的首要工序，是重要的安装环节。支架结构多为标准设计，可按国家标准图集《给水排水标准图集》S160的要求集中预制。

3.1 管道支架种类

管道支架种类很多，根据管道支架对管道的制约情况，可分为固定支架和活动支架。

3.1.1 固定支架

管道被牢牢地固定住，不允许有任何位移的地方，应设固定支架。固定支架有以下几种类型：

（1）卡环式固定支架

1）普通卡环式固定支架：用圆钢煨弯制U形管卡，管卡与管壁接触并与管壁焊接，两端套丝紧固如图2-4（a）所示。适用于DN15~DN150的室内不保温管道上。

2）焊接挡板卡环式固定支架：U形管卡紧固管不与管壁接触，靠横梁两侧焊在管道上的弧形板或角钢挡板固定管道，如图2-4（b）所示。适用于DN25~DN400的室外不保温管道上。

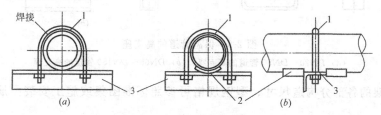

图 2-4　卡环式固定支架

（a）普通卡环式；（b）焊接挡板卡环式

1—固定管卡；2—弧形挡板；3—支架横梁

（2）挡板式固定支架

挡板式固定支架有挡板、肋板、立柱（或横梁）及支座组成。主要用于室外DN150~DN700的保温管道。

3.1.2 活动支架

允许管道有位移的支架称为活动支架。活动支架的类型较多，有滑动支架、导向支架、滚动支架、吊架及管卡和托钩。

（1）滑动支架

滑动支架的主要承重构件是横梁，管道在横梁上可以自由移动。对于不保温管道用低支架安装，对保温管道用高支架安装。

1）低支架

用于不保温管道上，按其结构形式又分为卡环式和弧形滑板式两种，如图2-5所示。

A. 卡环式。用圆钢煨弯制U形管卡，管卡不与管壁接触，一端套丝固定，另一端不套丝，如图2-5（a）所示。

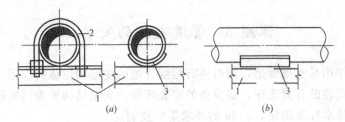

图 2-5　不保温管道的低支架

（a）卡环式；（b）弧形滑板

1—支架横梁；2—卡环（U 型螺栓）；3—弧形滑板

　　B. 弧形滑板式。在管壁与支承结构间垫上弧形板，并与管壁焊接，当管子伸缩时，弧形板在支承结构上来回滑动，如图 2-5（b）所示。

　　2）高支架

　　用于保温管道上，由焊在管道上的高支座在支承结构上滑动，以防止管道移动摩擦损坏保温层，保温管道的高支座安装如图 2-6 所示。当高支座在横梁上滑动时，横梁上应焊有钢板防滑板，以保证支座不致滑落到横梁下，预埋件焊接法安装支架如图 2-7 所示。

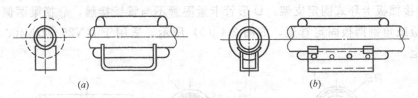

图 2-6　保温管道的高支座

（a）DN20～DN50 管道的高支座；（b）DN65～DN150 管道的高支座

　　活动支架的各部分构造尺寸、型钢规格可参照标准图集或施工安装图册进行加工和安装。

　　（2）导向支架

　　导向支架是为使管子在支架上滑动时不致偏移管子轴线而设置的。它一般设置在补偿器两侧、铸铁阀门的两侧或其他只允许管道有轴向移动的地方。

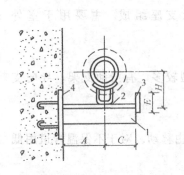 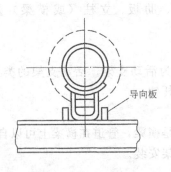 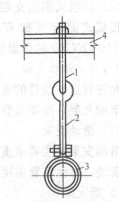

图 2-7　预埋件焊接法安装支架　　　　图 2-8　导向支架　　　　图 2-9　吊架

1—支架横梁；2—高支架；　　　　　　　　　　　　　　　　1—升降螺栓；2—吊杆；

3—防滑板；4—预埋件　　　　　　　　　　　　　　　　　　3—吊环；4—横梁

导向支架是以滑动支架为基础，在滑动支架两侧的横梁上，每侧焊上一块导向板，如图 2-8 所示。导向板通常采用扁钢或角钢，扁钢规格为 30mm×10mm，角钢为L36mm×5mm；导向板长度与支架横梁的宽度相等，导向板与滑动支座间应有 3mm 的空隙。

（3）吊架

吊架由吊杆、吊环及升降螺栓等部分组成，如图 2-9 所示。吊架的支承体可为型钢横梁，也可为楼板、屋面等建筑物构体，或者用图 2-10 所示吊架根部的固定方法。

（4）滚动支架

滚动支架是以滚动摩擦代替滑动摩擦，以减小管道热伸缩时摩擦力的支架，如图 2-11 所示。滚动支架主要用在管径较大而无横向位移的管道上。

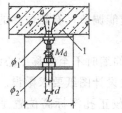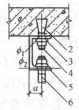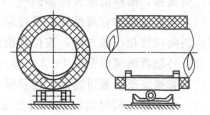

图 2-10　吊架根部的固定方法
1—楼板或梁；2—膨胀螺栓；3—垫圈；
4—螺母；5—槽钢；6—吊杆

图 2-11　滚动支架

（5）托钩与立管卡

托钩及单双立管卡，如图 2-12 所示。

托钩：也叫钩钉，用于室内横支管、支管等较小管径管道的固定，规格为 $DN15$、$DN20$。

管卡：也叫立管卡，有单、双立管卡两种，分别用于单根立管、并行的两根立管的固定。规格为 $DN15$、$DN20$。

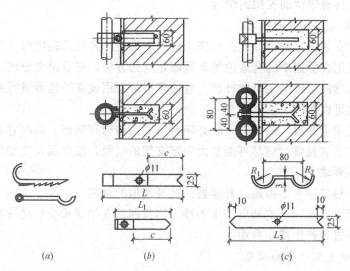

图 2-12　托钩及单双立管卡
（a）托钩；（b）单立管卡；（c）双立管卡

3.2 管道支吊架安装的技术要求

（1）支架安装前应对所要安装的支架进行外观检查，外形尺寸应符合设计要求，不得有漏焊，管道与托加焊接时不得有咬肉、烧穿等现象。

（2）支架横梁应牢固地固定在墙、柱或其他结构物上，横梁长度方向应水平，顶面应与管中心线平行。

（3）固定支架必须严格地安装在设计规定位置，并使管子牢固地固定在支架上。在无补偿器有位移的直管段上，不得安装一个以上的固定支架。

（4）活动支架不应妨碍管道由于热膨胀所引起的移动，其安装位置应从支承面中心向位移反向偏移，偏移值应为位移的一半。

（5）无热位移的管道吊架的吊杆应垂直安装，吊杆的长度应能调节；有热位移的管道吊杆应斜向位移相反的方向，按位移值的一半倾斜安装。

（6）补偿器两侧应安装1～2个多向支架，使管道在支架上伸缩时不至偏移中心线。

（7）管道支架上管道离墙、柱及管子与管子中间的距离应按设计图纸要求敷设。

（8）如土建有预埋钢板或预留支架孔洞的，埋设前应检查校正孔洞标高位置是否正确，深度是否符合设计和有关标准图的规定要求，同时要检查预埋钢板的牢固性，及预埋钢板与墙面是否平整，并清除预埋钢板上的砂浆或油漆。无误后，清除孔洞内的杂物及灰尘，并用水将洞周围浇湿，将支架埋入填实，用1:3水泥砂浆填充饱满。

（9）在钢筋混凝土构件预埋钢板上焊接支架时，先校正支架焊接的标高位置，清除预埋钢板上的杂物，校正后施焊。焊缝必须满焊，焊缝高度不得少于焊接件最小厚度。

3.3 管道支架安装位置的确定

支架的安装位置要依据管道的安装位置确定，首先根据设计要求定出固定支架和补偿器的位置。然后再确定活动支架的位置。

3.3.1 固定支架位置的确定

固定支架的安装位置由设计人员在施工图纸上给定，其位置确定时主要是考虑管道热补偿的需要。利用在管路中的合适位置布置固定点的方法，把管路划分成不同的区段，使两个固定点间的弯曲管段满足自然补偿，直线管段可利用设置补偿器进行补偿，则整个管路的补偿问题就可以解决了。

由于固定支架承受很大的推力，故必须有坚固的结构和基础，因而它是管道中造价较大的构件。为了节省投资，应尽可能加大固定支架的间距，减少固定支架的数量，但其间距必须满足以下要求。

（1）管段的热变形量不得超过补偿器的热补偿值的总和。

（2）管段因变形对固定支架所产生的推力不得超过支架所承受的允许推力值。

（3）不应使管道产生横向弯曲。

3.3.2 活动支架位置的确定

活动支架的安装在图纸上设计不予给定，必须在施工现场根据实际情况并参照表2-4活动支架的最大间距确定。

活动支架的最大间距确定   表 2-4

公称直径(mm)	15	20	25	32	40	50	65	80	100	125	150	200	250	300
保温管(m)	1.5	2.0	2.0	2.5	3.0	3.0	4.0	4.0	4.5	5.0	6.0	7.0	8.0	8.5
不保温管(m)	2.5	3.0	3.5	4.0	4.5	5.0	6.0	6.0	6.5	7.0	8.0	9.5	11.0	12.0

活动支架的最大间距的确定，是考虑管道、管件、管内介质及保温材料的质量对所形成的应力和应变不得超过外部荷载允许应力范围，经计算得出的。其中管内介质是按水考虑的，如管内介质为气体，也应按水压试验时管内水的质量作为介质质量，由表中可以看出，随着管径的增大，活动支架的间距也是增大的。

活动支架位置的确定方法如下：

（1）依据施工图要求的管道走向、位置和标高，测出同一水平直管段两端管道中心位置，标定在墙或构体表面上，在两点拉一根直线。

（2）在管中心下方，分别量取管道中心至支架横梁表面的高差，标定在墙上，并用粉笔根据管径在墙上逐段画出支架标高线。

（3）按设计要求的固定支架位置和"墙不做架、托稳转角、中间等分、不超最大"的原则，在支架标高线上画出每个活动支架的安装位置，即可进行安装。

墙不做架：指管道穿越墙体时，不能用墙体作活动支架，应按表 2-4 活动支架的最大间距来确定墙两侧的两个活动支架位置。

托稳转角：在管道的转弯处，包括方形补偿器的弯管，由于弯管的抗弯曲能力较直管有所下降，因此，弯管两侧的两个活动支架间的管道长度应小于表 2-4 中的数值。在确定两支架位置时，表中数值可作为参考，最终使得两个支架间的弯管不出现"低头"的现象。

中间等分、不超最大：指在墙体、转弯等处两侧活动支架确定后的其他直线管段上，按照不超过表中活动支架最大间距的原则，均匀布置活动支架。

（4）如果土建施工时，已在墙上预留出埋设支架的孔洞，或在承重结构上预埋了钢板，应检查预留孔洞和预埋钢板的标高及位置是否符合要求，并用十字线标出支架横梁的安装位置。塑料管及复合管管道支架的最大间距见表 2-5。

塑料管及复合管的支撑最大间距   表 2-5

公称直径		12	14	16	18	20	25	32	40	50	36	75	90	110
支撑的最大间距	立管	0.5	0.6	0.7	0.8	0.9	1.0	1.1	1.3	1.6	1.8	2.0	2.2	2.4
	水平管	0.4	0.4	0.5	0.5	0.6	0.7	0.8	0.9	1.0	1.1	1.2	1.35	1.55

注：塑料管采用金属管卡作支架时，管卡与塑料管之间应用塑料带或橡胶物隔垫，并不宜过大过紧。

3.4 管道支架安装

支架的安装方法主要是指支架的横梁在墙体或构体上的固定方法，俗称支架生根。常用方法有栽埋法、预埋件焊接法、膨胀螺栓或射钉法及抱柱法等。

3.4.1 栽埋法

栽埋法适用于直型横梁在墙上的栽埋固定。栽埋横梁的孔洞可在现场打洞，也可在土建施工时预留。如图 2-13 所示为不保温单管支架栽埋法安装，其安装尺寸见表 2-6。

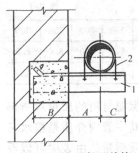

图 2-13 不保温单管
支架栽埋法
1—支座；2—支架

采用栽埋法安装时，先在支架安装线上画出支架中心的定位十字线及打洞尺寸的方块线，即可进行打洞。洞要打得里外尺寸一样，深度符合要求。洞打好后将洞内清理干净，用水充分润湿，浇水时可将壶嘴顶住洞口上边沿，浇至水从洞下口流出，即为浇透。然后将洞内填满细石混凝土砂浆，填塞要密实饱满，再将加工好的支架栽入洞内。支架横梁的栽埋应保证平正，不发生偏斜或扭曲，栽埋深度应符合设计要求或有关图集规定。横梁栽埋后应抹平洞口处灰浆，不使之突出墙面。当混凝土强度未达到有效强度的 75％ 时，不得安装管道。

不保温单管托架尺寸表（mm）　　　　　　　　表 2-6

公称直径 DN	A	B	C
15	70	75	15
20	70	75	18
25	80	75	21
32	80	75	27
40	80	75	30
50	90	105	36
65	100	105	44
80	100	105	50
100	110	130	61
125	130	130	73
150	140	145	88

3.4.2 预埋件焊接法

在混凝土内先预埋钢板，再将支架横梁焊接在钢板上，如图 2-7 所示。单管支架预埋钢板厚度为 4～6mm，对 DN15～DN80 的单管，钢板规格为 150mm×90mm×4mm；DN100～DN150 的单管，钢板规格为 230mm×140mm×6mm。钢板的埋入面可焊接 2～4 根圆钢弯钩，也可焊接直圆钢再与混凝土主筋焊在一起。

支架横梁与预埋钢板焊接时，应先挂线确定横梁的焊接位置和标高，焊接应端正牢固，其安装尺寸见表 2-6。

3.4.3 膨胀螺栓法及射钉法

这两种方法适用于没有预留孔洞，又不能现场打洞，也没有预埋钢板的情况下，用角型横梁在混凝土结构上安装，如图 2-14 所示。两种方法的区别仅在于角型横梁的紧固方法不同。目前，在安装施工中得到越来越多的应用。

用膨胀螺栓固定支架横梁时，先挂线确定横梁的安装位置及标高，再用已加工好的角型横梁比量，并在墙上画出膨胀螺栓的钻孔位置，经打钻孔后，轻轻打入膨胀螺栓，套入横梁底部孔眼，将横梁用膨胀螺栓的螺母紧固。膨胀螺栓规格及钻头直径的选用见表2-7，钻孔要用手电钻进行。

膨胀螺栓规格及钻头直径的选用（mm）　　　　　　　　表 2-7

公称直径	≤80	80～100	125	150
膨胀螺栓规格	M8	M10	M12	M14
钻头直径	10.5	13.5	17	19

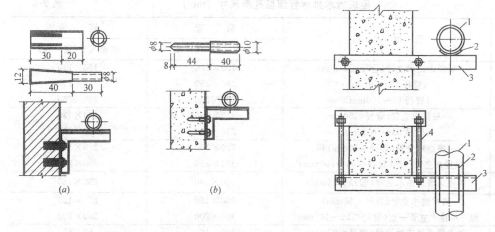

图 2-14　膨胀螺栓法及射钉法安装支架　　　　　　图 2-15　单管抱柱法安装支架

（a）膨胀螺栓法；（b）射钉法　　　1—管子；2—弧形滑板；3—支架横梁；4—拉紧螺栓

射钉法固定支架的方法基本上同膨胀螺栓法，即在定出紧固螺栓位置后，用射钉枪打带螺纹的射钉，最后用螺母将角型横梁紧固，射钉规格为 8～12mm，操纵射钉枪时，应按操作要领进行，注意安全。

3.4.4　抱柱法

管道沿柱安装时，支架横梁可用角钢、双头螺栓夹装在柱子上固定，单管抱柱法安装支架如图 2-15 所示。安装时也用拉通线方法确定各支架横梁在柱上的安装位置及安装标高。角钢横梁和拉紧螺栓在柱上紧固安装后，应保持平正无扭曲状态。

课题 4　建筑给水管道安装

4.1　建筑给水管道安装的一般规定

4.1.1　引入管

（1）室外埋地引入管要防止地面活荷载和冰冻的影响，车行道下管顶覆土厚度不宜小于 0.7m，并应敷设在冰冻线以下 0.15m 处。建筑内埋地管在无活荷载和冰冻影响时，其管顶离地面不宜小于 0.3m。

（2）给水引入管与排水排出管的水平净距宜小于 1.0m；建筑内给水管与排水管之间的最小净距：平行埋设时水平净距应为 0.5m，交叉埋设时垂直净距应为 0.15m。给水管应铺设在排水管的上面；当地下管道较多，敷设困难时，可在给水管上加钢套管，其长度不应小于排水管管径的三倍。

（3）给水引入管道穿过承重墙或基础时，配合土建应预留洞口。表 2-8 为《建筑给水排水及采暖工程施工质量验收规范》（GB 50242—2002）给出的各类管道穿越基础、墙体和楼板预留孔洞尺寸。

（4）引入管及其他管道穿越地下室或地下构筑物外墙时应采取防水措施加设套管（详见课题 8）。

项次	管 道 名 称	明 管	暗 管
		留洞尺寸长(高×宽)	墙槽尺寸(宽×长)
1	采暖或给水立管(管径≤25mm)	100×100	130×130
	(管径 32～50mm)	150×150	151×150
	(管径 65～100mm)	200×200	200×200
2	一根排水立管(管径≤50mm)	150×150	200×130
	(管径 65～100mm)	200×200	250×200
3	一根给水立管(管径≤50mm)和	200×150	200×130
	一根排水立管一起(管径≤65～100mm)	250×200	250×200
4	两根采暖或给水立管(管径≤32mm)	150×100	200×130
5	两根给水立管(管径≤50mm)	200×150	250×150
	和一根排水立管一起(管径≤65～100mm)	350×200	380×200
6	给水横支管或散热器(管径≤25mm)	100×100	60×60
	横支管(管径≤32～40mm)	150×130	150×100
7	排水横支管(管径≤80mm)	250×200	—
	(管径 100～120mm)	300×250	—
8	采暖或排水主干管(管径≤80mm)	300×250	
		350×300	
9	给水引入管(管径≤100mm)	300×200	
10	排水排出管穿基础(管径≤80mm)	300×300	
	(管径 100～150mm)	(管径+300)×(管径+200)	

注：1. 给水引入管，管顶上部净空一般不小于 100mm；
　　2. 排水排出管，管顶上部净空一般不小于 150mm。

（5）给水引入管应有不小于 0.003 的坡度坡向室外给水管网，并在每条引入管上装设阀门，必要时还应装设泄水装置。

（6）给水引入管在地沟内敷设时，应位于供热管道的下面或另一侧，在检修的地方应设活动盖板，并应留出检修的距离。

4.1.2　干管、立管

（1）给水横干管宜有 0.002～0.005 的坡度，坡向泄水装置，以便在试压、维修和冲洗时能排净管道内的余水。

（2）在装有三个或三个以上配水点支管的始端，应安装可拆卸的连接件（活接）。

（3）立管上管件预留口位置，一般应根据卫生器具的安装高度或施工图纸上注明的标高确定，立管一般在底层高出地面 500mm 以上装设阀门。

（4）明装立管在沿墙角敷设时不宜穿过污水池，并不得靠近小便槽设置，以防腐蚀。

（5）立管穿过楼板时应加设钢套管，且高出地面不小于 30mm，立管的接口不能置于楼板内。

4.1.3　支管

（1）支管应有不小于 0.002 的坡度坡向立管，以便检修时放水。

（2）支管明装沿墙敷设时，管外壁距墙面应有 20～25mm 的距离；暗设时设在管槽中，可拆卸接头应装在便于检修的地方。

（3）冷、热水管和水龙头并行安装，应符合下列规定：

1）上下平行安装，热水管应装在冷水管上面；

2）垂直平行安装，热水管应装在冷水管的左侧；

3）在卫生器具上安装冷、热水龙头，热水龙头应安装在左侧。

（4）明设在室内的分户水表，表外壳距墙面不得大于 30mm；表前后直线管段长度大于 300mm 时，其超出管段应煨弯沿墙敷设。

4.2 建筑给水管道的安装

建筑给水管道安装工艺流程为：

安装准备→预制加工→干管安装→立管安装→支管安装→管道试压→管道冲洗→管道防腐。

4.2.1 安装前的准备工作

（1）给水管道安装应按照设计图纸进行，因此施工前要认真熟悉图纸，根据施工方案决定的施工方法和技术交底的具体措施做好准备工作。参看有关专业设备图和装修建筑图，核对各种管道的坐标、标高是否有交叉，管道排列所用空间是否合理。有问题及时与设计和有关人员研究解决，办好变更洽商记录。

（2）配合土建预留、预埋。安装图上有的而土建图上未设计的，由安装单位负责配合土建预留、预埋，但开工前应与土建协商划分清楚，明确各自的范围与责任，以免发生错误和遗漏。在配合土建预埋作业中，要进一步核对位置和尺寸，确认无误后，经土建、安装双方施工人员（必要时还要请建设单位参加）办理签证手续后，再进入下一道工序。在浇灌混凝土过程中，安装单位要有专人监护，以防预埋件移位或损坏。

（3）管道确位。确定管道位置要先了解和确定干管的标高、位置、坡度、管径等，正确地按图纸（或标准图）要求的几何尺寸制作并埋好支架或挖好地沟。待支架牢固（或地沟开挖合格）后，方可以安装。

准备工作就绪，正式安装之前还应具备以下几种条件：

1）地下管道铺设前管沟必须用房心土回填夯实或挖到管底标高，沿管线铺设位置将管沟清理干净。管道穿墙处已预留管洞或安装好套管，其洞口尺寸和套管规格符合要求，坐标、标高正确。

2）暗装管道应在地沟盖板前或吊顶封闭前进行安装。

3）明装托、吊干管安装必须在安装层的结构顶板完成后进行。沿管线安装位置的模板及杂物要清理干净，托吊卡件均已安装牢固，位置正确。

4）立管安装宜在主体结构完成后进行。高层建筑在主体结构达到安装条件后，适当插入进行。每层均应有明确的标高线，暗装竖井管道，应把竖井内的模板及杂物清除干净，并有防坠落措施。

5）支管安装应在墙体砌筑完毕而墙面未装修前进行。

4.2.2 管道预制加工

管道安装一般采用就地加工安装。如果是几何尺寸相同的成批的管段，场地加工困难时，也可采用集中加工再到位安装。

管道安装中，要预先对管段长度进行测量，并计算出管子加工时下料尺寸。按设计图纸画出管道分支、管径、变径、预留管口、阀门位置等施工草图，在实际安装的结构位置上做上标记，按标记分段量出实际安装的准确尺寸，记录在施工草图上，然后按草图测得的尺寸算出管段的下料长度，之后进行断管、套丝、上管件、调直、校对，按管段分组编号。管子下料长度要除去阀件和管件的占用长度，并加上螺纹拧入配件内或插入法兰内的长度。

镀锌的给水管道尽量预制。在地面预制、调直后在接口做好标记，编号码放。立管预制时不编号，经调直只套一头丝扣，其长度比实际尺寸长 20～30mm，顺序安装时可保证立管甩口位置标高的准确性。

4.2.3 建筑给水管道的安装

给水管道安装时一般从总进入口开始操作，总进口端头加好临时丝堵以备试压。安装的原则为：先地下后地上，先大管后小管，先主管后支管。当管道交叉发生矛盾时，应小管让大管，给水管让排水管，支管让主管。

（1）干管安装

埋地干管安装时，首先确定干管的位置、标高、管径等，正确地按设计图纸规定的位置开挖土（石）方至所需深度，若未留墙洞，则需要按图纸的标高和位置在工作面上画好打眼位置的十字线，然后打洞；十字线的长度应大于孔径，以便打洞后按剩余线迹来检验所定管道的位置正确与否。埋地总管一般应坡向室外，以保证检查维修时能排尽管内余水。

地上干管安装时，首先确定干管的位置、标高、管径、坡度、坡向等。正确地按施工图设计的位置、间距和标高确定支架的安装位置。

干管安装，一般在支架安装完毕后进行。可先在主干管中心线上定出各分支主管的位置，标出主管的中心线，然后将各主管间的管段长度测量记录并在地面进行预制和预组装（组装的长度应以方便吊装为宜），预制时同一方向的主管头子应保证在同一直线上，且管道的变径应在分出支管之后进行。组装好的管子，应在地面进行检查有无歪斜扭曲，如有则应进行调直。

上管时，应将管道滚落在支架上，随即用预先准备好的 U 形卡将管子固定，防止管道滚落伤人。干管安装后，还应进行最后的校正调直，保证整根管子水平面和垂直面都在同一直线上，最后将管道固定牢。

1）给水铸铁管道安装

给水铸铁管道一般采用承插连接，是在承口与插口的间隙内加填料，使之密实并达到一定的强度，以达到密封压力介质的目的。

管道在安装前应清扫管膛，将承口内侧和插口外侧端头的沥青除掉，承口朝向来水方向顺序排列，连接的对口间隙应不小于 3mm。管道找平找直后，将其固定。管道拐弯和始端处应支撑顶牢，防止捻口时轴向移动，所有管口随时作临时封堵，防止泥砂等杂物进入管内。

承插口填料分为两层，内层用油麻或胶圈，外层用石棉水泥接口、自应力水泥砂浆接口、石膏氧化钙水泥接口或青铅接口。

A. 内层填料的操作方法

承插口的内层填料使用油麻或胶圈。将油麻拧成直径为接口间隙 1.5 倍的麻辫，其长度应比管外径周长长 100～150mm，油麻辫从接口下方开始逐渐塞入承插口间隙内，且每圈首尾搭接 50～100mm，一般嵌塞油麻辫两圈，并依次用麻凿打实，填麻深度约为承口深度的 1/3；当管径大于或等于 300mm 时，可用胶圈代替油麻，操作时可由下而上逐渐用捻凿贴插口壁把胶圈打入承口内，在此之前，宜把胶圈均匀滚动到承口内水线处，然后分 2～3 次使其到位。对于有凸台的管端（砂型铸铁管），胶圈应捻至凸台处，对于无凸台的插口（连续铸铁管），胶圈应捻至距边缘 10～20mm 处，捻入胶圈时应使其均匀滚动到位，防止扭曲或产生"麻花"、疙瘩。当采用青铅接口时，为防止高温液态铅把胶圈烫坏，必须在捻入胶圈后再捻打 1～2 圈油麻。

　　B. 外层填料的操作方法

　　石棉水泥接口材料重量配合比为石棉：水泥＝3：7。石棉应采用 4 级或 5 级石棉绒，水泥采用强度等级不低于 32.5 级的硅酸水泥。石棉与水泥搅拌均匀后，再加入总重量 10％～12％的水，揉成潮润状态，能以手捏成团而不松散、扔在地上即散为合格。当管道经过腐蚀性较强的地段，需要接口有更好的耐腐蚀性时，则应采用矿渣硅酸盐水泥，但硬化较缓慢。当遇有腐蚀性地下水时，接口应采用石灰水泥。用水拌好的石棉水泥应在 1h 内用完，否则超过水泥初凝时间，会影响接口效果。拌合好的石棉水泥填料要分层填塞到已打好油麻或胶圈的承插口间隙里，并层层用灰凿打实，每层厚度以不超过 10mm 为宜。当管径小于 300mm 时，采用"三填六打"法，即每填塞一层打实两遍，共填三层，打六遍。当管径大于 350mm 时，采用"四填八打"法。最后捻打至表面呈铁灰色且发出金属声响为合格。接口养护可用水拌合黏土成糊状，涂抹在接口外面进行养护，也可以用草袋、麻袋片覆盖并保持湿润。石棉水泥接口养护 24h 以上，一般养护 3～5 天，冬季施工应采取防冻措施。

　　自应力水泥砂浆接口的主要材料是强度等级为 32.5 级的自应力水泥与粒径为 1.5～2.5mm 经过筛选和水洗的纯净中砂。自应力水泥属于膨胀水泥的一种，中砂和水的重量配合比为水泥：砂：水＝1：1：0.28～0.32 混合而成的。拌合好的砂浆填料应在 1h 内用完。冬天施工时须用水加热，水温应不低于 70℃，拌好的自应力水泥砂浆填料分三次填入已打好油麻或胶圈的承插接口内，每填一次都要用灰凿捣实，最后一次捣至出浆为止，然后抹光表面。不要像捻石棉水泥口一样用手锤击打。此种接口在 12h 以内为硬化膨胀期，最怕触动，因此在接口打好油麻或胶圈后，就要在管道两侧适当填土稳卧以保证在填塞自应力水泥砂浆后管道不会移动。接口施工完毕后要抹上黄泥养护 3 天。接口做好 12h 后，管内可充水养护，但水压不得超过 0.1MPa。自应力水泥砂浆接口不宜在气温低于 5℃的条件下使用。施工中要掌握好使用自应力水泥的时间和数量，要使用出厂三个月以内、且存放在干燥条件下的自应力水泥。对出厂日期不明的水泥，使用前应做膨胀性试验，通常采用简单的方法是将拌合好的自应力水泥灌入玻璃瓶中，放置 24h，如果玻璃瓶被胀破，则说明自应力水泥有效，使用自应力水泥接口劳动强度小，工作效率高，适用于工作压力不超过 1.2MPa 的承插铸铁管。这种接口耐振动性能差，故不宜用于穿越有重型车辆行驶的公路、铁路或土质松软、基础不坚实的地方。

　　青铅接口一般用在管道抢修或室外管道的临时接口。优点是不用养护，当接完管道就可以通水。其做法是在给水铸铁管承口油麻打实后，用定型卡箍或包有胶泥的麻绳紧贴承口，缝隙用胶泥抹平，用化铅锅加热铅锭至 500℃左右（液面呈紫红颜色），水平管灌铅口位于上方，将熔铅缓慢灌入承口内，使空气排出。对于大管径管道灌铅速度可适当加快，防止熔铅中途凝固。每个铅口应一次灌满，凝固后立即拆除卡箍或泥模，用捻口凿将铅口打实。注意：采用青铅接口时，管子接口一定无积水，防止灌铅时发生铅爆炸。操作人员应带墨镜、手套，铅锅的把应长一点。

2）给水镀锌钢管安装

给水镀锌水平干管与墙、柱表面的距离见表 2-9。

水平干管与墙、柱表面的距离　　　　　　　　　表 2-9

公称直径(mm)	25	32	40	50	65	80	100	125	150
保温管中心(mm)	150	150	150	180	180	200	201	220	240
不保温管中心(mm)	100	100	120	120	140	140	160	160	180

给水镀锌钢管管螺纹连接时，一般均加填料，填料的种类有铅油麻丝、铅油、聚四氟乙烯生料带和一氧化铅甘油调合剂等几种，可根据介质的种类进行选择。螺纹加工和连接的方法要正确。不论是手工或机械加工，加工后管螺纹都应端正、清楚、完整、光滑。断丝和缺丝总长不得超过全螺纹长度的 10%。

管螺纹连接要点：把预制完的管道运到安装部位按编号依次排开。安装前清扫管腔，螺纹连接时，应在管端螺纹外面敷上填料，用手拧入 2～3 扣，再用管子钳一次装紧，不得倒回，装紧后丝扣应外露 2 至 3 扣。管道连接后找直找正，复核甩口的位置、方向，把挤到螺栓外面的填料清除掉。填料不得挤入管道，以免阻塞管路；一氧化铅与甘油混合后，需在 10min 内完成，否则就会硬化，不得再用。各种填料在螺纹里只能使用一次，若螺纹拆卸，重新装紧时，应更换新填料。螺纹连接应选用合适的管钳，不得在管子钳的手柄上加套管增长手柄来拧紧管子。

设计要求埋地的钢管涂沥青防腐或加强防腐时，应在预制后、安装前做好防腐。

3）塑料管粘接安装技术要求

将管材切割为所需长度，两端必须平整，最好使用割管机进行切割。用中号钢锉刀将毛刺去掉并倒成 2×45°角，并在管子表面根据插口长度作出标识。

用干净的布清洁管材表面及承插口内壁，选用浓度适宜的粘合剂，使用前搅拌均匀，涂刷粘合剂时动作迅速，涂抹均匀。涂抹粘合剂后，立即将管子旋转推入管件，旋转角度不大于 90°，要避免中断，一直推入到底，根据管材规格的大小轴向推力保持数秒到数分钟，然后用棉纱蘸丙酮擦掉多余的粘合剂，把盖子盖好，防止渗漏和挥发，用丙酮或其他溶剂清洗刷子。

立管和横管按规定设置伸缩节，横管伸缩节应采用锁紧式橡胶管件，当管径大于或等于 100mm 时，横干管宜采用弹性橡胶密封圈连接形式，当设计对伸缩节无规定时，管端插入伸缩节处。预留的间隙：夏季为 5～10mm，冬季为 15～20mm。

塑料管粘接时注意事项：

A. 粘接面必须保持干净，严禁在下雨或潮湿的环境下进行粘接；不能使用脏的刷子或不同材料使用过的刷子来进行粘接操作。

B. 不能用脏的或有油的棉纱擦拭管子和管件接口部分。

C. 不能在接近火源或有明火的地方进行操作。

4）塑料给水管道热熔连接

将热熔工具接通电源，到达工作温度指示灯亮后方能开始操作。

切割管材时，必须使端面垂直于管轴线。管材切断一般使用管子或管道切割机，必要时可使用锋利的钢锯，但切割后管材断面应去除毛边和毛刺。

管材与管件连接端面必须清洁、干燥无油。用卡尺和合适的笔在管端测量并标绘出热熔深度，热熔深度应符合表 2-10 的规定。

热熔连接技术要求 表 2-10

公称直径(mm)	热熔深度(mm)	加热时间(s)	加工时间(s)	冷却时间(min)
20	14	5	4	3
25	16	7	4	3
32	20	8	4	4
40	21	12	6	4
50	22	18	6	4
63	24	24	6	6
75	26	30	10	8
90	32	40	10	8
110	38.5	50	15	10

注：若环境温度小于 5℃，加热时间延长 50%。

熔接弯头或三通时，按设计图纸要求，应注意其方向，在管件和管材的直线方向上用辅助标志标出位置。

连接时，应旋转地把管端导入加热套内，插入到所标志的深度，同时，无旋转地把管件推到加热头上，达到规定标志处。加热时间必须满足上表的规定（也可按热熔工具生产厂家的规定）。

达到加热时间后，立即把管材与管件从加热套的加热头上同时取下，迅速地、无旋转地、直线均匀地插入到所标深度，使接头处形成均匀凸缘。在表 2-10 所规定的加工时间内，刚熔接好的接头还可校正，但严禁旋转。

热熔连接注意事项：

A. 在整个熔接区周围，必须有均匀环绕的溶液瘤。

B. 熔接过程中，管子和管件平行移动。

C. 所有熔接连接部位必须完全冷却。正常情况下规定最后一个熔接过程结束，1h 后才能进行压力试验。

D. 对熔接管工必须经过培训。

E. 严格控制加热时间、冷却时间、插入深度、加热温度。

F. 管道和管件必须应用有吸附能力的、没有纤维的含乙醇基的清洗剂，比如酒精（浓度至 94% 无油脂）进行彻底清洗。

5）铜管安装技术要求

铜管在安装过程中，应轻拿轻放，防止碰撞及表面被硬物划伤。

铜管弯管的管口至起弯点的距离应不小于管径，且不小于 30mm。采用螺纹连接时，螺纹应涂石墨甘油。法兰连接时，垫片采用橡胶制品等软垫片。采用翻边松套法兰连接时，应保持同轴。$DN≤50$mm 时，其偏差≤1mm；$DN>50$mm 时，其偏差≤2mm。除此之外，还应遵循镀锌钢管安装的有关规定。

铜管焊接时在焊前必须清除焊丝表面和焊件坡口两侧约 30mm 范围内的油污、水分、氧化物及其他杂物。常用汽油或乙醇擦拭。焊丝清洗后，置于含硝酸35%～40%或含硫酸10%～15%的水溶液中，浸蚀2～3min后用钢丝刷清除氧化皮，并露出金属光泽。

坡口制备时，当$\delta<3$mm 时，采用卷边接头，卷口高度1.5～2mm；当$\delta>3\sim6$mm时，纯铜可不开坡口；当$\delta>6$mm 时，采用 V 形坡口；当$\delta\geqslant14$mm 时，采用 U 形坡口或X 形坡口。对接接头坡口尺寸见表2-11。

铜管接头坡口尺寸　　　　　　　表 2-11

简　图	管壁厚 δ(mm)	间隙 b(mm)	填充焊线直径(mm)	错边允许	备　注
	1.5～3 >3～6	0 3～6	不用 $\phi2\sim\phi3$	不小于壁厚8%	
	>6～10	1.5	$\phi3\sim\phi5$	不小于壁厚8%	钝边1.5mm
	≥14	1.5	$\phi6$	不小于壁厚8%且不大于15mm	钝边1.5mm

注：壁厚度 $\delta>3$mm，推荐采用预热，预热200～600℃，焊接方法：气焊、碳弧焊、手工电焊、氩弧焊。

（2）立管安装

首先根据图纸要求或给水配件及卫生器具的种类确定支管的高度，在墙面上画出横线；再用铅垂线坠吊在立管的位置上，在墙上弹出或画出垂直线，并根据立管卡的高度在垂直线上确定出立管卡的位置并画好横线，然后再根据所画横线和垂直线的交点打洞栽管卡。立管管卡的安装：当层高小于或等于4m时，每层须安装一个，管卡距地面为1.5～1.8m；层高大于4m时，每层不少于两个，管卡应均匀安装。成排管道或同一房间的立管卡和阀门等的安装高度应保持一致。

管卡埋好后，再根据干管和支管横线，测出各立管的实际尺寸进行编号记录，在地面统一进行预制和组装，检查和调直后方可进行安装。上立管时，应两人配合，一个人在下端托管，另一人在上端上管。

立管明装：将预制好的立管按编号分层排开，按顺序安装，对好调直时的印记，丝扣外露2至3扣，清除麻头，校核预留甩口的高度、方向是否正确。外露丝扣和镀锌层破损处刷好防锈漆。支管甩口均加好临时丝堵。立管阀门安装朝向应便于操作和修理。安装完后用线坠吊直找正，配合土建堵好楼板洞。

立管暗装：安装在墙内的立管应在结构施工中预留管槽，立管安装后吊直找正，用卡件固定。支管的甩口应露明并加好临时丝堵。

立管安装注意事项：

1）调直后管道上的配件如有松动，必须重新上紧。

2）上管要注意安全，且应保护好管端螺纹，不得碰坏。

3）多层及高层建筑，每隔一层在立管上安装一个活接头，以便检修。

4）使用膨胀螺栓时，应先在安装支架的位置上用冲击电钻钻孔，孔的直径与螺栓外套外径相等，深度与螺栓长度相等。然后将套管套在螺栓上，带上螺母一起打入孔内，到螺母接触孔口时，用扳手拧紧螺母，使螺栓的锥形尾部将开口的套管尾部胀开，螺栓便和套管一起固定在孔内。这样就可在螺栓上固定支架或管卡。

（3）支管安装

安装支管前，先按立管上预留的管口在墙上画出或弹出水平支管安装位置的横线，并在横线上按图纸要求画出各分支线或给水配件的位置中心线，再根据横线中心线测出各支管段的实际尺寸并进行编号记录，根据尺寸进行预制和组装（组装长度以方便上管为宜），检查调直后进行安装。

当冷热水管或冷、热水龙头并行安装时，上下平行安装，热水管应在冷水管上方间，距为100～150mm；垂直安装时，热水管应在冷水管面向的左侧；在卫生器具上安装冷、热水龙头，热水龙头应安装在左侧。

支管上有3个或3个以上配水点的始端，以及给水阀门后面按水流方向均应设可装拆的连接件（活接头）。

支管明装：将预制好的支管从立管甩口依次逐段进行安装，根据管道长度适当加临时固定卡，核定不同卫生器具的冷热水预留口高度、位置是否正确，找平找正后栽支管卡件，去掉临时固定卡，上临时丝堵。支管如装有水表先装上连接管，试压后在交工前拆下连接管，安装水表。

支管距墙净距20～25mm，有防结露要求的管道适当加大距墙净距。厨房、卫生间的给水支管安装所在的墙面如有贴砖，应先由土建画出排砖位置。安装临时卡架，临时固定，待土建贴砖到相应位置时预留几块砖，画十字线保证卡架在砖缝上。支管水平安装时采用角钢托架 L25×3，镀锌 U 形卡固定。

支管暗装：应先定出管位后画线，剔出管槽，将预制好的支管敷设在槽内，找平找正定位后用钩钉固定。卫生器具的冷、热水预留口要做在明处，并加好丝堵。

支管安装还应注意以下事项：

1）支架位置应正确，木楔或砂浆不得凸出墙面；木楔孔洞不宜过大，在瓷砖或其他饰面上的墙壁上打洞，要小心轻敲，尽可能避免破坏饰面。

2）支管口在同一方向开出的配水点管头，应在同一轴线上，以保证配水附件安装美观、整齐划一。

3）支管安装好后，应最后检查所有的支架和管头，清除残丝和污物，并应随即用堵头或管帽将各管口堵好，以防污物进入并为充水试压作好准备。

4.2.4 管道试压

室内给水管道安装完毕即可进行试压，试验压力为工作压力的 1.5 倍，且不小于0.6MPa，不大于 1.0MPa。试压步骤如下：

（1）准备

将试压用的水泵、管材、管件、阀件、压力表等工具材料准备好，并找好水源。压力表必须经过校验，其精度不得低于 1.5 级，且铅封良好。

（2）接管

试压泵与系统的接管，如图 2-16 所示。由于试压泵种类不同，本图仅供参考，具体接法可按现场具体情况确定。

（3）试压

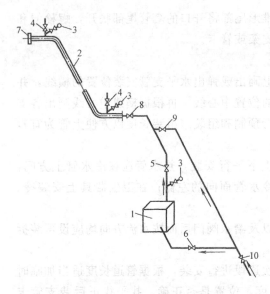

图 2-16 室内水压实验装置示意图

1—试压泵；2—受试管道；3—压力表；4—放气阀；
5、6—试压闸阀；7—受试管道盲管；8~10—球阀

先将室内给水引入管外侧用堵塞板堵死。室内各配水设备（如水嘴、球阀等）一律不得安装，并将敞开管口堵严；在试压系统的最高点设排气阀，以便向系统充水时排气，并对系统进行全面检查，确认无遗漏项目时，即可向系统内充水加压。试验时，升压不能太快。当升至试验压力时，停止升压，开始记试压时间，并注意压力的变化情况，在 10min 内压力降不得超过 0.05MPa 为强度试验合格。之后将试验压力降至工作压力对管网作全面外观检查，以不漏不渗为严密性试验合格。

试压合格后，要及时填写"管道系统试验记录"，并交相关人员签字。

（4）拆除

试压合格后，将管网中的水排尽，同时将试压用的水泵、阀件、管件、压力表等拆除，并卸下所有临时用堵头，装上给水配件。如暂不能或不需要装给水配件或卫生器具，则可不必拆除堵头，在安装给水配件或卫生器具时再拆。

（5）试压注意事项

1）试压时一定要排尽空气，若管线过长可在最高处（或多处）排空。

2）试压时应保证压力表阀处于开启状态，直至试压完毕。

3）试压时，如发现螺纹或配件处有小的渗漏，可上紧至不漏为合格，若渗漏较大则需将水排除后再进行修理。

4）若气温低于 5℃，应用温水进行试压，并采取防冻措施。试压完毕应及时将管网内的存水放净，不得隔夜，以免冻坏管道。

5）隐蔽管道要在隐蔽前进行试压。

4.2.5 管道冲洗

管道在试压完成后即可做冲洗。冲洗以图纸上提供的系统最大设计流量进行（如果图纸没有，则以流速不小于 1.5m/s 进行，可以用秒表和水桶配合测量流速，计量 4 次取平均值），用自来水连续进行冲洗，直至各出水口水色透明度与进水目测一致为合格。冲洗合格后办理验收手续。进户管、横干管安装完成后可进行冲洗，每根立管安装完成后可单独冲洗。管道未进行冲洗或冲洗不合格就投入使用，可能会引起管道堵塞。

4.2.6 管道通水

交工前按《建筑给水排水及采暖工程施工质量验收规范》（GB 50242—2002）第 4.2.2 条要求做给水系统通水试验，按设计要求同时开启最大数量的配水点，检查能否达到额定流量，通水试验要分系统分区段进行。试验时按立管分别进行，每层配水支管开启 1/3 的配水点，阀门开到最大，观察出水量是否很急，以手感觉到有劲为宜。

4.2.7 给水管道安装过程中常见的质量问题

(1) 管道镀锌层损坏，是由于管子台虎钳和管钳日久磨损失修，卡不住管道以及铰扳卡爪收得太紧造成。

(2) 立管甩口高度不准确，是由于楼层高超出允许偏差或测量不准。

(3) 立管距墙面不一致或半明半暗，是因立管安排不当或隔断墙位移偏差太大造成。

(4) 管道连接操作不当，最易造成漏水、渗水，主要是由于套丝过硬或过软而引起连接不严密、填料缠绕不当、活接头处漏放垫片等；管道焊接时，靠墙处或不易操作处漏焊或未焊牢、管道丝扣处蹬踩受力过大，造成接头不严密而漏水；法兰之间垫片摆放不正，法兰端面及垫片表面粘有污物，使其接触不好。

4.3 成品保护措施

(1) 安装好的管道不得用做支撑或放脚手板，不得踏压，其支托卡架不得作为其他用图的受力点。

(2) 管道在喷浆前要加以保护，防止灰浆污染管道。

(3) 阀门的手轮在安装时应卸下，交工前统一安装完好。

(4) 水表应有保护措施，为防止损坏，可统一在交工前装好。

4.4 给水管道安装时应注意的质量问题

(1) 厨卫间立管穿楼板地面处应做出 20～50mm 水泥台以防止管根积水。

(2) 洞口预留根据图纸审核的结果，绘出管道布置图。在混凝土楼板、墙体浇筑前，设置套管留洞，并固定结实防止移位。

(3) 管道连接：镀锌给水管道采用螺纹连接。

(4) 住宅工程生活给水及生活、消防合用给水管径≥DN125 的镀锌钢管，考虑实际加工及管件供应困难时可采用焊接方式，但需将焊口和镀锌层破坏处做防腐处理。

(5) 独立的消火栓系统给水管道不使用镀锌管时，可采用焊接但必须保证焊口质量符合施工质量验收规范规定并做防腐处理。

(6) 管道距墙：给水支管外皮距墙 20～25mm。给水立管距墙：管径 32mm 以下距墙 25～35mm；管径 32～50mm 距墙 30～50mm；管径 75～100mm 距墙 50mm；管径 125～150mm 距墙 60mm。

(7) 冷热水立管中心间距为≥80mm。

(8) 活接头安装：埋设管道不得使用活接头、法兰连接；给水立管出地面阀门处，需装活接头；给水装有 3 个及以上配水点的支管始端，均装活接头；活接头的子口一头安装在来水方向，母口一端安装在去水方向。

(9) 管道变径不得采用补心，使用变径管箍连接；变径管箍安装位置距三通分流处 200mm。

(10) 管道冲洗洁净后办理验收手续，之后即可进行管道防腐和保温。

4.5 建筑给水管道安装的质量验收规范

《建筑给水排水及采暖工程施工质量验收规范》（GB 50242—2002）中，有关建筑内部给水系统安装有如下规定：

4.5.1 一般规定

（1）本规范适用于工作压力不大于 1.0MPa 的建筑内部给水和消火栓系统管道安装工程的质量检验与验收。

（2）给水管道必须采用与管材相适应的管件。生活给水系统所涉及的材料必须达到饮用水卫生标准。

（3）管径小于或等于 100mm 的镀锌钢管应采用螺纹连接，套丝扣时破坏的镀锌层表面及外露螺纹部分应做防腐处理；管径大于 100mm 的镀锌钢管应采用法兰或卡套式专用管件连接，镀锌钢管与法兰的焊接处应二次镀锌。

（4）给水塑料管和复合管可以采用橡胶圈接口、粘接接口、热熔连接、专用管件连接及法兰连接等形式。塑料管和复合管与金属管件、阀门等的连接应使用专用管件连接，不得在塑料管上套丝。

（5）给水铸铁管管道应采用水泥捻口或橡胶圈接口方式进行连接。

（6）铜管连接可采用专用接头或焊接，当管径小于 22mm 时宜采用承插或套管焊接，承口应迎介质流向安装；当管径大于或等于 22mm 时宜采用对口焊接。

（7）给水立管和装有 3 个或 3 个以上配水点的支管始端，均应安装可拆卸的连接件。

（8）冷、热水管道同时安装应符合下列规定：

1）上、下平行安装时热水管应在冷水管上方；

2）垂直平行安装时热水管应在冷水管左侧。

4.5.2 主控项目

（1）建筑内部给水管道的水压试验必须符合设计要求。当设计未注明时，各种材质的给水管道系统试验压力均为工作压力的 1.5 倍，但不得小于 0.6MPa。

检验方法：金属及复合管给水管道系统在试验压力下观测 10min，压力降不应大于 0.02MPa，然后降到工作压力进行检查，应不渗不漏；塑料管给水系统应在试验压力下稳定 1h，压力降不得超过 0.05MPa，然后在工作压力的 1.15 倍状态下稳压 2h，压力降不得超过 0.03MPa，同时检查各连接处不得渗漏。

（2）给水系统交付使用前必须进行通水试验并做好记录。

检验方法：观察和开启阀门、水嘴等放水。

（3）生活给水系统管道在交付使用前必须冲洗和消毒，并经有关部门取样检验，符合国家《生活饮用水水质标准》方可使用。

检验方法：检查有关部门提供的检测报告。

（4）建筑内部直埋给水管道（塑料管道和复合管道除外）应做防腐处理。埋地管道防腐层材质和结构应符合设计要求。

检验方法：观察或局部解剖检查。

4.5.3 一般项目

（1）给水引入管与排水排出管的水平净距不得小于1m。给水与排水管道平行敷设时，两管间的最小水平净距不得小于 0.5mm；交叉铺设时，垂直净距不得小于 0.15m。给水管应铺在排水管上面，若给水管必须铺在排水管的下面时，给水管应加套管，其长度不得小于排水管管径的 3 倍。

检验方法：尺量检查。

（2）管道及管件焊接的焊缝表面质量应符合下列要求：

1）焊缝外形尺寸应符合图纸和工艺文件的规定，焊缝高度不得低于母材表面，焊缝与母材应圆滑过渡。

2）焊缝及热影响区表面应无裂纹、未熔合、未焊透、夹渣、弧坑和气孔等缺陷。

检验方法：观察检查。

3）给水水平管道应有2‰～5‰的坡度坡向泄水装置。

检验方法：水平尺和尺量检查。

（3）允许偏差

给水管道和阀门安装的允许偏差和检验方法见表2-12。

给水管道和阀门安装的允许偏差和检验方法　　　　表 2-12

项次	项　目		允许偏差（mm）	检验方法
1	水平管道纵横方向弯曲	钢管	每米长　　1	用水、平尺、直尺拉尺和尺量检查
			全长 25m 以上　≤25	
		塑料管复合管	每米长　　1.5	
			全长 25m 以上　≤25	
		铸铁管	每米　　2	
			全长 25m 以上　≤25	
2	立管垂直度	钢管	每米长　　3	吊线和尺量检查
			全长 5m 以上　≤8	
		塑料管复合管	每米长　　2	
			全长 5m 以上　≤8	
		铸铁管	每米长　　3	
			全长 55m 以上　≤10	
3	成排管段和成排阀门	在同一平面上间距	3	尺量检查

课题 5　水 表 安 装

5.1　水表的类型和性能参数

水表是一种计量用户累计用水量的仪表。它主要由外壳、翼轮和减速指示机构组成。水表分为流速式水表和容积式水表两类，在建筑内部给水系统中，广泛采用流速式水表。该种水表是根据管径一定时，通过水表的水流速与流量成正比的原理来测量的。

5.1.1　流速式水表的类型

流速式水表按翼轮构造不同可分为旋翼式（LXS 型）水表和螺翼式（LXL 型）水表两种，如图 2-17 所示。旋翼式水表的翼轮转轴与水流方向垂直，如图 2-17（a）所示。螺翼式水表的转轴与水流方向平行，如图 2-17（b）所示。流速式水表又按计数机件浸在水中或与水隔离，分为湿式水表和干式水表。干式水表的计数机件用金属圆盘将水隔开，其构造复杂一些；湿式水表的计数机件浸在水中，在计数盘上装一块厚玻璃（或钢花玻璃）用以承受水压。湿式水表机件简单、计量准确、密封性能好，但只能用在水中不含杂质的

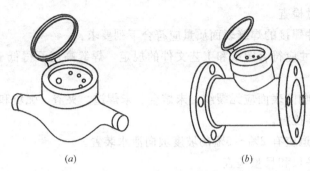

(a)　　　　　　　(b)

图 2-17　流速式水表

(a) 旋翼式（LXS 型）水表；(b) 螺翼式（LXL 型）

管道上。

旋翼式水表和螺翼式水表的技术参数分别见表 2-13、表 2-14。

旋翼湿式水表技术参数　　　　　　　　表 2-13

型号	公称直径（m）	计量等级	最大流量	公称流量	分界流量	最小流量	始动流量	最小读数	最大读数
				（m³/h）			（L/h）		（m³）
LXS-15C	15	A	3	1.5	0.15	45	14	0.0001	9999
LXSL-15C		B			0.12	30	10		
LXS-20C	20	A	5	2.5	0.25	75	19	0.0001	9999
LXSL-20C		B			0.20	50	14		
LXS-25C	25	A	7	3.5	0.35	105	23	0.0001	9999
		B			0.28	70	17		
LXS-32C	32	A	12	6	0.60	180	32	0.0001	9999
		B			0.48	120	27		
LXS-40C	40	A	20	10	1.00	300	56	0.0001	99999
		B			0.80	200	46		
LXS-50C	50	A	30	15	1.50	450	75	0.0001	99999
		B							

螺翼湿式水表技术参数　　　　　　　　表 2-14

型号	公称直径（m）	计量等级	最大流量	公称流量	分界流量	最小流量	最小读数	最大读数
				（m³/h）				（m³）
LXL-50N	50	A	30	15	4.5	1.2	0.01	999999
		B			3.0	0.45		
LXL-80N	80	A	80	40	12	3.2	0.01	999999
		B			8.0	1.2		
LXL-100N	100	A	120	60	18	4.8	0.01	999999
		B			12	1.8		
LXL-150N	150	A	300	150	45	12	0.01	999999
		B			30	4.5		
LXL-200N	200	A	500	250	75	20	0.01	9999999
		B			50	7.5		
LXL-250N	250	A	800	400	120	32	0.01	9999999
		B			80	12		

注：1. LXSL 为旋翼湿式立式水表；

　　2. 水表适用于水温不超过 50℃，水压不大于 1MPa 的洁净冷水。

5.1.2 水表各项技术参数的含义

（1）最大流量

只允许短时间使用的流量，为水表使用的上限值，旋翼式水表通过最大流量时水头损失为 100kPa，螺翼式水表通过最大流量时，水头损失为 10kPa。

（2）公称流量

水表允许长期使用的流量。

（3）分界流量

水表误差限改变时的流量。

（4）最小流量

水表在规定误差限内，使用的下限流量。

（5）始动流量

水表开始连续指示时的流量。

5.1.3 水表的选用

水表的选择包括种类的选择和口径的确定。小流量选择旋翼式水表，大流量选择螺翼式水表。一般情况下，$DN \leqslant 50mm$ 时，应采用旋翼式水表；$DN > 50mm$ 时，应采用螺翼式水表。对于用水不均匀的给水系统，以设计流量不大于水表的最大流量确定水表的口径；对于用水均匀的给水系统，以设计流量不大于水表的公称流量确定水表的口径；对于生活、生产和消防共用的给水系统，以总流量不大于水表的最大流量确定水表口径。

5.1.4 电控自动流量计（TM 卡智能水表）

随着科学技术的发展以及改变用水管理体制与提高节约用水意识，传统的"先用水后收费"用水体制和人工进户抄表、结算水费的繁杂方式，已不适应现代管理方式与生活方式，应当用新型的科学技术手段改变自来水供水管理体制的落后状况。因此，电磁流量计、远程计量仪、IC 卡水表等自动水表应运而生，TM 卡智能水表就是其中之一。

TM 卡智能水表内部置有微电脑测控系统，通过传感器检测水量，用 TM 卡传递水量数据，主要用来计量（定量）经自来水管道供给用户的饮用冷水，适于家庭使用。主要技术参数见表 2-15。

TM 卡智能水表性能技术参数　　　　　　　　　　　　　　　　表 2-15

工程直径 （mm）	计量等级	过载流量 （m³/h）	常用流量 （m³/h）	分界流量 （m³/h）	最小流量 （m³/h）	水温 （℃）	最高水压 （MPa）
15	A	3	1.5	0.15	0.06	≤60	1.0

注：1. 示值误差限：以分界流量到过载流量为 2%；从最小流量到分界流量（不包括分界流量）为 ±5%。

　　2. 常用流量：在规定误差限内允许长期使用的流量。

TM 卡智能水表的安装位置要避免曝晒、冰冻、污染、水淹以及砂石等杂物不能进入管道，水表要水平安装，字面朝上，水流方向应与表壳上的箭头一致。使用时，表内需装入 5 号锂电池 1 节（正常条件下可用 3～5 年）。用户持 TM 卡（有三重密码）先到供水管理部门购买一定的水量，持 TM 卡插入水表的读写口（将数据输入水表）即可用水。用户用去一部分水，水表内存储器的用水余额自动减少，新输入的水量能与剩余水量自动叠加。表面上有累计计数显示，供水部门和用户可核查用水总量。插卡后可显示剩余水量，当用水余额只有 1m³ 时，水表有提醒用户再次购水的功能。

这种水表的特点和优越性是：将传统的先用水，后结算交费的用水方式改变为先预付水费、后限额用水的方式，使供水部门可提前收回资金、减少拖欠水费的损失；将传统的人工进户抄表、人工结算水费的方式改变为勿需上门抄表、自动计费、主动交费的方式，减轻了供水部门工作人员的劳动强度；用户勿需接待抄表人员，减少计量纠纷，还能提示人们节约用水，保护和利用好水资源；供水部门可实现计算机全面管理，提高自动化程度，提高工作效率。

5.2 水表安装

（1）水表应安装在查看方便、不受曝晒、不受污染和不易损坏的地方，引入管上的水表应装在室外水表井、地下室或专用的房间内，装设水表部位的气温应在 2℃ 以上，以免冻坏水表。

（2）水表装到管道上之前，应先清除管道中的污物（用水冲洗），以免污物堵塞水表。

（3）水表应水平安装，并使水表外壳上的箭头方向与水流方向一致，不得装反；水表前后应装阀门；对于不允许停水或设有消防管道的建筑，还应设旁通管，此时水表后侧应装止回阀，旁通管上的阀门应设有铅封。为了保证水表计量准确，螺翼式水表的上游端应有 8～10 倍水表接口公称直径的直线管段；其他型水表的前后亦应有不小于 300mm 的直线管段。

（4）家庭户用小水表，明装于每户进水总管上，水表前应装有阀门。水表外壳距墙面净距为 10～30mm，水表中心距另一墙面（端面）的距离为 450～500mm，水表的安装高度为 600～1200mm，允许偏差为 ±10mm。水表前后直管长度大于 300mm 时，其超出管段应用弯头（或把管段煨弯）引靠至墙面，沿墙面敷设，管中心距离墙面20～30mm。

（5）一般工业企业与民用建筑的室内、室外水表，在工作压力≤1.0MPa，温度不超过 40℃，水质为不含杂质的饮用水或清洁水的条件下，可按照国标图 S145 进行安装。

5.3 水表安装成品保护

（1）水表要在管道试压后，在要验交时再行安装。

（2）安装水表的建筑物必须能加锁，并要建立严格的钥匙交接制度，尤其是多单位在内施工的安装项目，一定要建立值班交接制度。

课题 6 阀门的安装

阀门的类型繁多，其结构形式、制造材料、驱动方式及连接形式都不同。本专业工程所用阀门有：闸阀、截止阀、止回阀、旋塞阀、球阀、蝶阀、减压阀、疏水阀、安全阀、节流阀、电磁阀等。

6.1 阀门安装的一般规定

（1）阀门安装的位置不应妨碍设备、管道及阀体本身的操作、拆装和检修，同时要考虑到组装外形的美观。

（2）在水平管道上安装阀门时，阀杆应垂直向上，或者倾斜某一角度。如果阀门安装在难于接近的地方或者较高的地方，为了便于操作，可以将阀杆装成水平，同时再装一个带有传动装置的手轮或远距离操作装置。装置在操作时要求灵活，指示准确，也可设操作平台。阀门的阀杆在任何情况下都不得位于水平线以下。

（3）在同一房间内、同一设备上安装的阀门，应使其排列对称，整齐美观；立管上的阀门，在工艺允许的前提下，阀门手轮以齐胸高最适宜操作，一般以距地面 1.0～1.2m 为宜，且阀杆必须顺着操作者方向安装。

（4）并排立管上的阀门，其中心线标高最好一致，且手轮之间净距不小于 100mm；并排水平管道上的阀门应错开安装，以减小管道间距。

（5）在水泵、换热器等设备上安装较重的阀门时，应设阀门支架；在操作频繁且又安装在距操作面 1.8m 以上的阀门时，应设固定的操作平台。

（6）阀门的阀体上有箭头标志的，箭头的指向即为介质的流动方向。安装阀门时，应注意使箭头指向与管道内介质流向相同，止回阀、截止阀、减压阀、疏水阀、节流阀、安全阀等均不得反装。

（7）安装法兰阀门时，应保证两法兰端面互相平行和同心，不得使用双垫片。

（8）安装螺纹阀门时，为便于拆卸，一个螺纹阀门应配用一个活接。活接的设置应考虑检修方便，通常是水流先经阀门后经活接。

6.2 阀门安装注意事项

（1）阀门的阀体材料多采用铸铁制作，性脆，故不得受重物撞击。搬运阀门时，不允许随手抛掷；吊运、吊装阀门时，绳索应系在阀体上，严禁拴在手轮、阀杆及法兰螺栓孔上。

（2）阀门应安装在操作、维护和检修最方便的地方，严禁埋于地下。直埋和地沟内管道上的阀门，应设检查井室，以便于阀门的启闭和调节。

（3）阀门安装前应仔细核对所用阀门的型号、规格、是否符合设计要求；还应检查填料及压盖螺栓须有足够的调节余量，并要检查阀杆是否灵活，有无卡涩和歪斜现象，不合格的阀门不能进行安装。

（4）安装螺纹阀门时，应保证螺纹完整无损，并在螺纹上缠麻、抹铅油或缠上聚四氟乙烯生料带，注意不得把麻丝挤到阀门里去。旋扣时，需用扳手卡住拧入管子一端的六角阀体，以保证阀体不致变形或胀裂。

（5）安装法兰阀门时，注意沿对角线方向拧紧连接螺栓，扳动时用力要均匀，以防垫片跑偏或引起阀体变形与损坏。

（6）阀门在安装时应保持关闭状态。对靠墙较近的螺纹阀门，安装时常需要卸去阀杆阀瓣和手轮，才能拧转。在拆卸时，应在拧动手轮使阀门保持开启状态后，再进行拆卸，否则易拧断阀杆。

（7）架空管道，口径较大的阀门下须设支墩（架），以免管道受力过大。

（8）阀门安装前要做强度和严密性试验。

6.3 阀门的强度和严密性试验

施工领用的阀门应有合格证，对无合格证或发现某些损伤时，应进行水压试验。此外

《工业金属管道工程施工及验收规范》（GB 50235—97）规定：低压阀门应从每批（同厂家、同型号、同批出厂）产品中抽查 10%，且不少于一个进行强度和严密性试验，若有不合格，再抽查 20%，如仍有不合格，则需逐个进行检查；高、中压和有毒、剧毒及甲、乙类火灾危险物质的阀门应逐个进行强度和严密性试验。合金钢阀门还应逐个对壳体进行光谱分析，复查材质。

6.3.1 阀门的强度试验

阀门的强度试验是在阀门开启状态下进行试验，检查阀门外表面的渗漏情况。P_N（公称压力）≤32MPa 的阀门，其试验压力为公称压力的 1.5 倍，试验时间不少于 5min，壳体、填料压盖处无渗漏为合格；P_N＞32MPa 的阀门，强度试验压力见表 2-16。

阀门强度试验压力（MPa）　　　　　　　　　　　　　　　　表 2-16

公称压力 P_N	试验压力 P_N	公称压力 P_N	试验压力 P_N	公称压力 P_N	试验压力 P_N
40	60	64	90	100	130
50	70	80	110		

做闸阀和截止阀强度试验时，应把闸板或阀瓣打开，压力从通路一端引入，另一端封堵；试验止回阀时，应从进口端引入压力，出口一端堵塞；试验直通旋塞阀时，旋塞应调整到全开状态，压力从通路一端引入，另一端堵塞；试验三通旋塞阀时，应把旋塞调整到全开的各个工作位置进行试验。带有旁通附件的，试验时旁通附件也应打开。

6.3.2 阀门的严密性试验

阀门的严密性试验是在阀门完全关闭状态下进行的试验，检查阀门密封面是否有渗漏，其试验压力，除了蝶阀、止回阀、底阀、节流阀外，其余阀门一般应以公称压力进行，当能够确定工作压力时，也可用 1.25 倍的工作压力进行试验，以阀瓣密封面不渗漏为合格。公称压力小于或等于 2.5MPa 的水用闸阀允许有不超过表 2-17 的渗漏量。

闸阀密封面允许渗漏量　　　　　　　　　　　　　　　　表 2-17

公称直径 DN(mm)	允许渗漏量(cm^3/min)	公称直径 DN(mm)	允许渗漏量(cm^3/min)
≤40	0.05	600	10
50～80	0.10	700	15
100～150	0.20	800	20
200	0.30	900	25
250	0.50	1000	30
300	1.5	1200	50
350	2.0	1400	75
400	3.0	≥1600	100
500	5.0		

试验闸阀时，应将闸板紧闭，从阀的一端引入压力，在另一端检查其严密性，检查合格后，再从阀的另一端引入压力，反方向的一端检查其严密性。对双闸板的闸阀，是通过两闸板之间阀盖上的螺孔引入压力，而在阀的两端检查其严密性；试验截止阀时，阀瓣应紧闭，压力从阀孔低的一端引入，在阀的另一端检查其严密性；试验止回阀时，压力从介质出口一端引入，在进口一端检查其严密性；试验直通旋塞阀时，将旋塞调整到全关位置，压力从一端引入，一端检查其严密性；对于三通旋塞阀，应将塞子轮流调整到各个关

闭位置，引入压力后在另一端检查其各关闭位置的严密性。

试验合格的阀门，应及时排尽内部积水。密封面应涂防锈油（需脱脂的阀门除外），关闭阀门，封闭进出口，填写阀门试验记录表。

6.4 阀门的安装

6.4.1 闸阀的安装

闸阀又称闸板阀，是利用闸板来控制启闭的阀门。通过改变横断面来调节管路流量和启闭管路。闸阀多用于对流体介质做全启或全闭操作的管路。闸阀安装一般无方向性要求，但不能倒装。倒装时，操作和检修都不方便。明杆闸阀适用于地面上或管道上方有足够空间的地方；暗杆闸阀多用于地下管道或管道上方没有足够空间的地方。为了防止阀杆锈蚀，明杆闸阀不许装在地下。

6.4.2 截止阀的安装

截止阀是利用阀瓣来控制启闭的阀门。通过改变阀瓣与阀座的间隙来调节介质流量的大小或截断介质通路。安装截止阀必须注意流体的流向。安装截止阀必须遵守的原则是：管道中的流体由下而上通过阀孔，俗称"低进高出"，不许装反，只有这样安装，流体通过阀孔的阻力才最小，开启阀门才省力，且阀门关闭时，因填料不与介质接触，既方便了检修，又不使填料和阀杆受损坏，从而延长了阀门的使用寿命。

6.4.3 止回阀的安装

止回阀又称逆止阀、单向阀，是一种在阀门前后压力差作用下自动启闭的阀门。其作用是使介质只做一个方向的流动，而阻止介质逆向往回流动。止回阀按其结构不同，有升降式、旋启式和蝶形对夹式。升降式止回阀又有卧式与立式之分。安装止回阀时，也应注意介质的流向，不能装反。卧式升降式止回阀应水平安装，要求阀体中心线与水平面相垂直。立式升降式止回阀，只能安装在介质由下向上流动的垂直管道上。旋启式止回阀有单瓣、双瓣和多瓣之分，安装时摇板的旋转枢轴必须水平，所以旋启式止回阀既可以安装在水平管道上，也可以安装在介质由下向上流动的垂直管道上。

6.4.4 减压阀的安装

减压阀是靠阀内敏感元件（如薄膜、活塞、波纹管等）改变阀瓣与阀座间隙，使介质节流降压，并使阀后压力保持稳定，使使用压力不超过允许限度的阀门。按其结构不同有薄膜式、活塞式和波纹管式。减压阀与其他阀件及管道组合成减压阀组，称为减压器。减压器的直径较小时（DN25～DN40），可采用螺纹连接并可进行预组装，组装后的阀组两侧直线管道上应装活接头，以便和管道螺纹连接。用于蒸汽系统或介质压力较高的其他系统的减压器，多为焊接连接。

减压阀组安装及注意事项如下：

（1）垂直安装的减压阀组，一般沿墙设置在距地面适宜的高度；水平安装的减压阀组，一般安装在永久性操作平台上。

（2）安装时，应用型钢分别在两个控制阀（常用截止阀）的外侧栽入墙内，构成托架，旁通管也卡在托架上，找平找正。减压阀中心距墙面不应小于200mm。

（3）减压阀应直立地安装在水平管道上，不得倾斜，阀体上的箭头应指向介质流动方向，不得装反。

（4）减压阀的前后应装设截止阀和高、低压压力表，以便观察阀前后的压力变化。减压阀后的管道直径应比阀前进口管径大 2～3 号，并装上旁通管以便检修。旁通管管径比减压阀公称直径小 1～2 号。

（5）薄膜式减压阀的均压管，应连接在低压管道上。低压管道应设置安全阀，以保证系统的安全运行。安全阀的公称直径一般比减压阀的公称直径小 2 号管径。

（6）用于蒸汽减压时，要设置泄水管。对净化程度要求较高的管道系统，在减压阀前设置过滤器。

（7）减压阀组安装结束后，应按设计要求对减压阀、安全阀进行试压、冲洗和调整，并做出调整后的标志。

（8）对减压阀进行冲洗时，关闭减压器进口阀，打开冲洗阀进行冲洗。系统送蒸汽前，应打开旁通阀，关闭减压阀前的控制阀，

6.5　阀门的成品保护

（1）阀门安装好后可将手轮拆下，待验交时再装上，以免过早安装时，容易损坏和丢失。对系统进行暖管并冲走残余污物，暖管正常后，再关闭旁通阀，使介质通过减压阀正常运行。

（2）安装阀门的建筑物必须能加锁，并要建立严格的钥匙交接制度，尤其是多单位在内施工的安装项目，一定要建立值班交接制度。

6.6　阀 门 检 修

阀门在使用过程中，由于制造质量和磨损等原因，使阀门容易产生泄漏和关闭不严等现象。为此需要对阀门进行检查与检修。

6.6.1　压盖泄漏检修

填料函中的填料受压盖的压力其密封作用，经过一段时间运行后，填料会老化变硬，特别是启闭频繁的阀门，因阀杆与填料之间摩擦力减小，易造成压盖漏气、漏水。为此必须更换填料。

（1）小型阀盖泄漏检修

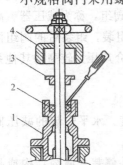

图 2-18　小型阀门更换
填料操作

1—阀体盖；2—压实填料；
3—压盖；4—螺母式盖母

小规格阀门采用螺母式盖母 4 与阀体盖 1 外螺纹相连接，通过旋紧盖母达到压实填料 2 的目的。更换填料时，首先将盖母卸下，然后用螺丝刀将填料压盖撬下来，把填料函中旧填料清理干净，将细棉绳按顺时针方向围绕阀杆缠上 3～4 圈装入填料函，放上填料压盖 3 并压实，旋紧盖母即可。小型阀门更换填料的操作，如图 2-18 所示。操作中需注意，旋紧盖母时不要过分用力，防止盖母脱扣或造成阀门破裂；如更换后仍然泄漏，可再拧紧盖母，直至不渗漏为止。

对于不经常启闭的阀门，一经使用易产生泄漏，原因是填料变硬，阀门转动后阀杆与填料间产生了间隙。修理时首先按松扣方向将盖母转动，然后按旋紧的方向旋紧盖母即可。如用上述方法不见效果时，说明填料已失去了应有弹性，应更换填料。

（2）较大阀门压盖泄漏检修

较大规格（一般大于 DN50）的阀门，采用一组螺栓夹紧法兰压盖来压紧填料。更换填料时，首先拆卸螺栓，卸下法兰压盖，取出填料函中的旧填料并清理干净。填料前，用成型的石墨石套棉绳或盘根绳（方形或圆形均可），按需要的长度剪成小段，并预先做好填料圈。放入填料圈时，注意各层填料接缝要错开，并同时转动阀杆，以便检查填料紧固阀杆的松紧程度。更换填料时，除应保证良好的密封性外，尚需使阀杆转动灵活。

6.6.2　不能开启或开启不通气、不通水

阀门长期关闭，由于锈蚀而不能开启，开启这类阀门时可用振打方法，使阀杆与盖母（或法兰压盖）之间产生微量的间隙。如仍不能开启时，可用扳手或管钳转动手轮，转动时应缓慢地加力，不得用力过猛，以免将阀杆扳弯或扭断。

阀门开启后不通气、不通水，可能有以下几种情况：

（1）闸阀

在检查中发现，阀门开启不能到头，关闭时也关不到底。这种现象表明阀杆已经滑扣，由于阀杆不能将闸板提上来，俗称吊板现象，导致阀门不通。遇到这种情况时，需拆卸阀门，更换阀杆或更换整个阀门。

（2）截止阀

如有开启不到头或关闭不到底现象，属于阀杆滑扣，需更换阀杆或阀门。如能开到头和关到底，是阀芯（阀瓣）与阀杆相脱节，采取下述方法修理：小于或等于 DN50 的阀门，将阀盖卸下，将阀芯取出，阀芯的侧面有一个明槽，其内侧有一个环形的暗槽与阀杆上的环槽相对应。修理时，将阀芯顶到阀杆上，然后从阀芯明槽将直径与环形槽直径相同的铜丝插入阀杆上的小孔（不透孔），当用于使阀杆与阀芯作相对转动时，铜丝就会自然地被卷入环形槽内，如此阀芯就被连在阀杆上了。大于 DN50 的阀门，因其阀芯与阀杆连接方式较多，需在阀门拆开后，根据其连接方式和特点进行修理。

（3）阀门或管道堵塞

经检查所见阀门既能开启到头，又能关闭到底，且拆开阀门见阀杆与阀芯间连接正常，这就证实阀门本身无故障，需要检查与阀门连接的管道有无堵塞现象。

6.6.3　阀门关不严

阀门产生关不严现象，对于闸阀和截止阀来说，可能是由于阀座与阀芯之间卡有脏物，如水垢之类，或是阀座、阀芯有被划伤之处，致使阀门无法关严。

修理时，需将阀盖拆下进行检查。如果是阀座与阀芯之间卡住了脏物，应清理干净，如属阀座或阀芯被划伤，则需要用研磨方法进行修理。对于经常开启着的阀门，由于阀杆螺纹上积存着铁锈，当偶然关闭时也会产生关不严的现象。关闭这类阀门时，需采取将阀门关了再开，开了再关的方法，反复多次地进行后，即可将阀门关严。对于少数垫有软垫圈的阀门，关不严多属垫圈被磨损，应拆开阀盖，更换软垫圈即可。

6.6.4　阀门关不住

所谓关不住，是指明杆闸阀在关闭时，虽转动手轮，阀杆却不再向下移动，且部分阀杆仍留在手轮上面。遇到这种现象，需检查手轮与带有阴螺纹的铜套之间的连接情况，若两者为键连接，一般是因为键失去了作用，键与键槽咬合得松，或是键质量不符合要求。为此，需修理键槽或重新配键。

阀杆与带有阴螺纹的铜套间非键连接的闸阀，易产生阀杆与铜套螺纹间的"咬死"现

象，而导致手轮、铜套和阀杆连轴转。产生这种现象的原因，是在开启阀门时，用力过猛而开过了头。修理时，可用管钳咬住阀杆无螺纹处，然后用手按顺时针方向扳动手轮，即可将"咬"在一起的螺纹松脱开来，从而恢复阀杆的正常工作。

课程7 水泵的安装

水泵的种类很多，在建筑给水系统中一般采用离心式水泵。就其安装形式可分成两类，即带底座水泵和不带底座水泵。带底座水泵是指水泵与电动机一起固定于一个底座上，又称整体式水泵，泵与电动机通过联轴器（靠背轮）传动，传动效率较高；不带底座水泵是指水泵与电动机分别设基础，传动靠皮带间接传动，传动效率低，又称分体式水泵。

工程上所安装使用的水泵，多为带底座的水泵，本节以带混凝土基础底座水泵的安装为例，进行介绍。IS型水泵（不减振）安装如图2-19所示。

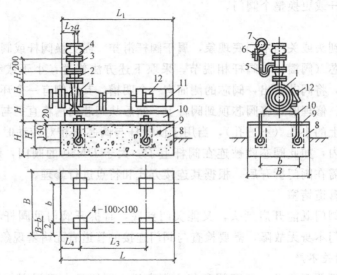

图 2-19 IS型水泵（不减振）安装

1—水泵；2—吐出管；3—短管；4—可曲挠接头；5—表弯管；6—表旋塞；7—压力表；
8—混凝土基础；9—地脚螺栓；10—底座；11—电动机；12—接线盒

水泵安装的工艺流程为：

基础的放线定位→基础施工→水泵安装→配管及安装附件→试运转→故障排除。

7.1 水泵基础的放线定位与施工验收

7.1.1 基础的放线定位

基础的放线定位就是确定设备的安装位置，是和支基础混凝土模板同时进行的。设备的安装位置是由设计确定的，放线时，以设备平面布置图上拟定的尺寸为准，然后在设备间内找到平面图上所给定的尺寸基准，一般多选择纵、横两方向的墙面作为基准面，用皮尺或钢卷尺定出设备的中心线位置，即混凝土基础的中心线，再以中心线为准，按设备基础的外形轮廓尺寸支好模板。

对有部分基础埋于地下的，应先进行土方开挖，达到基础深度后，对于土质软弱的场合，还应对地基进行夯实，再按基础外形尺寸支好模板。支好模板后，还应认真进行尺寸的校核。对于多台设备的安装，应一次将基础模板支好。

水泵基础要求顶面应高于地面 100～150mm，基础平面尺寸比设备底座长度和宽度各大 100mm、150mm。

7.1.2 基础混凝土的施工

基础的施工采用浇灌法，就是将搅拌好的混凝土砂浆浇灌于支好的模板内并捣实。浇筑混凝土前，对需预埋地脚螺栓和预埋铁件的，应按地脚螺栓和铁件的位置及标高将其摆放好，需预留地脚螺栓孔的，按地脚螺栓孔的位置和深度，摆好 100mm×100mm 的方木，预留地脚螺栓孔，并注意在混凝土硬化前拔出。预留地脚螺栓孔的基础浇灌后，上表面不必抹平，即将混凝土的粗糙表面原样保留，待设备就位，经二次灌浆后再用细石混凝土连同基础一道抹平压光。

基础混凝土浇灌后，常温下养护48h 即可拆模，继续养护至混凝土强度达到设计要求的 75％以上时，方可进行设备安装。

7.1.3 基础的验收

水泵安装时主要检查基础的坐标、高度、平面尺寸和预留地脚螺栓孔位置、大小、深度，同时应检查混凝土的质量。在检查的同时，应按水泵底座尺寸、螺栓孔中心距等尺寸来核对混凝土基础。

基础的验收主要是为了检查基础的施工质量，校核基础的外形尺寸、中心线偏差以及地脚螺栓孔的位置和深度等。基础验收的同时还要进行划线，经过划线证明基础的施工能满足安装要求时，才能验收。

基础的验收应按照《混凝土结构工程施工质量验收规范》（GB 50204—2002）有关规定进行。验收时，首先查阅基础混凝土的配比资料，检查基础施工强度是否符合设计要求；其次进行外观检查，外观质量应无蜂窝、露石、露筋、裂纹等缺陷；用小锤轻轻敲击，声音应清脆而且无脱落现象；用尺量测基础外形尺寸，用水准仪检测基础标高，并经过在基础面上划线检查。

设备基础检查验收时要填写水泵安装验收记录。

7.2 水 泵 安 装

水泵安装前应对水泵进行以下检查：

（1）按水泵铭牌检查水泵性能参数，即水泵规格型号、电动机型号、功率、转速等。

（2）设备不应有损坏和锈蚀等情况，管口保护物和堵盖应完整。

（3）用手盘车应灵活、无阻滞、卡住现象，无异常声音。

在对水泵进行检查的同时，在设备底座四边画出中心点，并在基础上也画出水泵安装纵横中心线。灌浆处的基础表面应凿成麻面，被油粘污的混凝土应凿除。最后把预留孔中的杂物除去。

对铸铁底座上已安装好水泵和电动机的小型水泵机组，可不做拆卸而直接投入安装，其安装程序如下。

7.2.1 吊装就位

将泵连同底座吊起，除去底座底面油污、泥土等脏物，穿入地脚螺栓并把螺母拧满扣，对准预留孔将泵放在基础上，在底座与基础之间放上垫铁。吊装时绳索要系在泵及电动机的吊环上，且绳索应垂直于吊环，如图 2-20 所示。

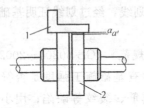

图 2-20 水泵吊装

7.2.2 位置调整

调整底座位置，使底座上的中心点与基础上的中心线重合。

7.2.3 水平调整

把水平尺放在水泵底座加工面上检查是否水平，不平时用垫铁找平。找平同时应使底座标高满足安装要求。泵的水平度不得超过 0.1mm/m。

7.2.4 同心度调整

水泵和电动机同心度的检测，可用钢角尺检测其径向间隙，也可用塞尺检测其轴向间隙，如图 2-21 所示。把直角尺放在联轴器上，沿轮缘周围移动，若两个联轴器的表面均与角尺相靠紧，则表示联轴器同心，四处间隙的任何两处误差应保持在 3mm/100mm 以内，且最大值不应超过 0.08mm。如图 2-22 所示，用塞尺在联轴器间的上下左右对称四点测量，若四处间隙相等，则表示两轴同心，图中 bb' 的误差值保持在 5mm/100mm 以下，且不超过 2～4mm。当两个联轴器的径向和轴向均符合要求后，将联轴器的螺栓拧紧。

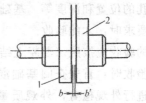

图 2-21 径向间隙的测定　　　　　图 2-22 轴向间隙的测定
1—直角尺；2—联轴器　　　　　　　1—塞尺；2—联轴器

7.2.5 二次浇灌

在水泵就位后的各项调整合格后，将地脚螺栓上的螺母拧好，然后把细石混凝土捣入基础螺栓孔内，浇灌地脚螺栓孔的混凝土应比基础混凝土强度等级高一号。

二次浇灌应保证使地脚螺栓与基础结为一体。待混凝土强度达到规定强度的 75% 后，对底座的水平度和水泵与电动机的同心度再进行一次复测并拧紧地脚螺栓。安装地脚螺栓时应达到以下要求：

（1）地脚螺栓的铅垂度不应超过 10mm/1000mm；螺栓与孔壁的距离应大于 15mm；

（2）地脚螺栓底端不应触及孔底；

（3）地脚螺栓上的油脂和污垢应清除干净，其螺纹部分应涂油脂；

（4）螺母与垫圈间和垫圈与设备底座间的接触均应良好；

（5）拧紧螺母后，螺栓必须露出螺母 1.5～5 个螺距；

（6）基础抹面：将底座与基础面之间的缝隙填满砂浆，并和基础面一道用抹子抹平压光。砂浆的配比为水泥：细砂＝1：2。

水泵安装稳固后，应及时填写"水泵安装验收记录"。

离心水泵安装的允许偏差和检验方法见表2-18。

离心水泵的允许偏差和检验方法 表2-18

项　　目		允许偏差(mm)	检 验 方 法
立式水泵垂直度(每米)		0.1	水平尺和塞尺检查
卧式水泵水平度(每米)		0.1	水平尺和塞尺检查
联轴器同心度	轴向倾斜(每米)	0.8	在联轴器互相垂直的四个位置上用水平仪、
	径向位移	0.1	百分表或测微螺钉和塞尺检查

7.3 配管及附件的安装

水泵管路由吸入管和压出管两部分组成，吸入管上应装闸阀（非自灌式应在管端装吸水底阀），压出管上应装止回阀和闸阀，以控制关断水流，调节水泵的出水流量和阻止压出管路中的水倒流，这就是俗称的"一泵三阀"。水泵配管的安装要求如下：

（1）自灌式水泵吸水管路的底阀在安装前应认真检查其是否灵活，且应有足够的淹没深度。

（2）吸水管的弯曲部位尽可能做得平缓，并尽量减少弯头个数，弯头应避免靠近泵的进口部位。

（3）水泵的吸水管与压出管管径一般与吸水口口径相同，而水泵本身的压水口要比其进水口口径小1号，因此，压水管一般以锥形变径管和水泵连接，如图2-23所示。

（4）从图2-23还可看出，水泵与进、出水管的连接多为柔性连接，即通过可挠曲接头与管路连接，以防止泵的振动和噪声传播。

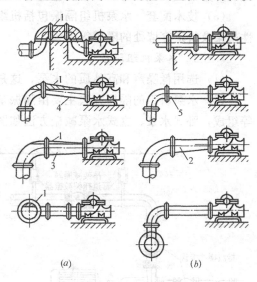

图 2-23 水泵吸水管安装

(a) 不正确；(b) 正确

1—空气团；2—偏心渐缩管；3—同心渐缩管
4—水泵接管向水泵下降；5—水泵接管向水泵上升

（5）与水泵连接的水平吸水管段，应有0.01～0.02的坡度，使泵体处于吸水管的最

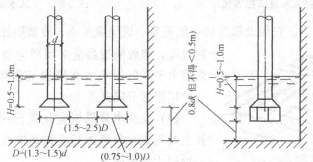

图 2-24 水泵吸水管在吸水井中的安装要求

高部位，以保证吸水管内不积存空气。

（6）为避免水泵吸水时相互干扰或影响，水泵吸水管之间或吸水管与池壁、池底之间在安装时应满足一定尺寸要求，如图2-24所示。

（7）水泵的吸水口与大直径管道连接，应采用偏心异径管件。且偏心异径管件的斜部在下，以防止积存空气，如图10-23所示。

7.4 水泵隔振降噪措施及其系统安装

7.4.1 水泵机组隔振的主要方式

（1）综合治理。水泵机组的振动和噪声是由多种因素造成的，需要综合治理才能有效地降低振动产生的影响。

（2）区分主次。隔振以振源的选择和控制为主，防治为辅；隔振以机组隔振为主，隔声吸声为辅；隔振技术以设备隔振为主，管道和支架隔振为辅。

（3）技术配套：水泵机组隔振包括机组隔振、管道安装可曲挠接头、管道支架采用弹性吊架及管道穿墙处的隔振等方式。

7.4.2 水泵机组隔振

（1）选用低噪声和高品质的水泵，这是降低噪声和控制振源的最好办法。

（2）水泵机组的隔振方法主要由隔振基座（惰性块）、隔振垫（隔振器）及固定螺栓等组成，卧式水泵、立式水泵减振方法如图2-25和图2-26所示。

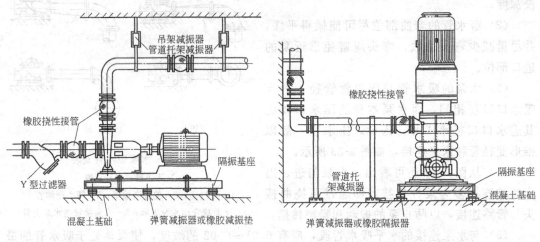

图2-25 卧式水泵减振方法　　　　　　图2-26 立式水泵减振方法

（3）卧式水泵隔振宜加设隔振垫或隔振器、设隔振基座。弹簧隔振器应采用阻尼弹簧隔振器，橡胶隔振器应采用剪力型，隔振垫应采用双向剪力型。隔振垫放在隔振基座和混凝土基础之间，且应用钢板分隔开。

（4）立式水泵隔振应优先选用阻尼弹簧隔振器，其上端用螺栓与隔振基座和钢垫板固定，下端用螺栓与混凝土基础固定。

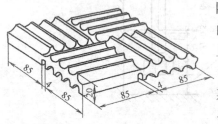

图2-27 SD型橡胶隔振垫

小型立式水泵或轴向长度与轴向直径比小于3的

立式水泵，可采用硬度为 40 的橡胶隔振垫，隔振垫与水泵机组底座、钢垫和地面均不粘接，但隔振基座与水泵底座间应用螺栓固定。

7.4.3　隔振垫

目前常见的 SD 型橡胶隔振垫（如图 2-27 所示），可按全国通用建筑标准图集《水泵隔振及其安装》选用。

隔振垫的安装要求如下：

（1）按水泵机组的中轴线对称布置。

（2）设 6 个支撑点时，4 个应在混凝土惰性块或钢机座的 4 角，另 2 个在边线上；并调整其位置，使隔振元件的压缩变形量尽可能保持一致。

（3）隔振垫的边线不得超过惰性块的边线，型钢机座的支承面积应不小于隔振元件顶部的支承面积。

（4）如隔振垫单层布置不能满足要求时，可多层叠放，但不宜多于 5 层，且型号、块数、面积、硬度等应一致。

（5）橡胶隔振垫多层串联设置时，每层隔振垫之间用厚度不小于 4mm 的镀锌钢板隔开，钢板应平整。隔振垫与钢板应用氯丁—酚醛型或丁腈型粘合剂粘接，粘接后加压固化 24h。镀锌钢板的平面尺寸应比橡胶隔振垫各个端部大 10mm。镀锌钢板上、下层粘接的橡胶隔振垫应交错设置。

（6）同一台水泵机组的各个支撑点的隔振元件，其型号、规格和性能应一致。支撑点数应为偶数，且不小于 4 个。

（7）施工安装前，应检查隔振元件，安装时应使隔振元件的静态压缩变形量不超过最大允许值。

（8）水泵机组隔振元件应避免与酸、碱和有机溶剂等物质接触。

（9）水泵机组安装时，安装水泵机组的支承地面要平整，且应具备足够的承载能力。

7.4.4　隔振器

目前广泛使用的隔振器有橡胶隔振器、阻尼弹簧隔振器等。

橡胶隔振器是由金属框架和外包橡胶复合而成的隔振器，能耐油、海水、盐和日照等。具有承受垂直力、剪力的功能。阻尼比 D 约为 0.08，额定荷载下的静变形小于 5mm。

阻尼弹簧隔振器是由金属弹簧隔振器和外包橡胶复合而成。具有钢弹簧隔振器的低频率和橡胶隔振器的大阻尼的双重优点。它能消除弹簧隔振器存在的共振时振幅激增的现象，并能解决橡胶隔振器固有频率较高应用范围狭窄的问题，是较好的隔振器。阻尼比 D 约 0.07，工作温度为 $-30℃\sim+100℃$，固有频率为 $2.0\sim5.0$Hz，荷载范围为 $110\sim35000$N。

7.5　管道及管道支架隔振

7.5.1　管道隔振的基本要求

（1）当水泵机组采取隔振措施时，水泵吸水管和出水管上均应采用管道隔振元件。

（2）管道隔振元件应具有隔振和位移补偿双重功能。一般宜采用以橡胶为原料的可曲挠管道配件。

（3）当水泵机组采取隔振措施时，在管道穿墙和楼板处，均应采取防固体传声措施。主要办法是在管道穿过墙体和楼板处填充或缠绕弹性材料。

7.5.2 可曲挠橡胶接头的安装要求

（1）管道安装应在水泵机组元件安装 24h 后进行。

（2）安装在水泵进、出水管上的可曲挠橡胶接头，必须设在阀门和止回阀的内侧，即靠近水泵的一侧，以防止接头被水泵在停泵时产生的水锤压力所破坏（在吸水管上的可曲挠橡胶接头应便于检修和更换），其安装示意图如图 2-28 所示。

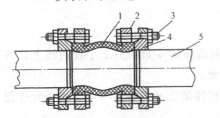

图 2-28 可曲挠橡胶接头安装示意图
1—可曲挠橡胶接头；2—特制法兰；3—螺杆；
4—普通法兰；5—管道

（3）可曲挠橡胶管道配件应在不受力的自然状态下进行安装，严禁使其处于极限偏差状态。

与可曲挠橡胶管道配件连接的管道均应固定在支架、吊架、托架或锚架上，以避免管道的重量由可曲挠橡胶管道配件承担。

（4）法兰连接的可曲挠橡胶配件，其特制法兰与普通法兰连接时，螺栓的螺杆应朝向普通法兰一侧。每一端面的螺栓应对称逐步均匀加压拧紧，所有螺栓的松紧程度应保持一致。

（5）法兰连接的可曲挠橡胶管道配件串联安装时，在两个可曲挠橡胶管道配件的松套法兰中间应加设一个用于连接的平焊钢法兰，以平焊钢法兰为支柱体，同时使橡胶管道配件的橡胶端部压在平焊钢法兰面上，做到接口处严密。

（6）当对可曲挠橡胶管道配件的压缩或伸长的位移量有控制时，应在可曲挠橡胶管道配件的两个法兰间设限位控制杆。

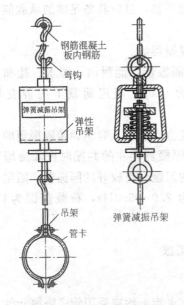

图 2-29 弹簧式弹性吊架

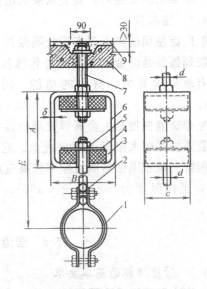

图 2-30 橡胶垫式弹性吊架
1—管卡；2—吊架；3—橡胶隔振器；4—钢垫片；5—螺母；
6—框架；7—螺栓；8—钢筋混凝土板；9—预留洞填水泥砂浆

（7）可曲挠橡胶管道配件应保持清洁和干燥，避免阳光直射和雨雪浸淋。

（8）可曲挠橡胶管道配件应避免与酸、碱、油类和有机溶剂接触，外表禁刷油漆。

（9）当管道需要保温时，保温做法应不影响可曲挠橡胶管道配件的位移补偿和隔振要求。

7.5.3 管道穿墙的隔振

管道穿墙处应留有孔洞，可采用在管道外包隔振橡胶带或在孔洞内填充柔软型填料。

7.5.4 管道支架的隔振

当水泵机组的基础和管道采取隔振措施时，管道支架也应采用弹性支架。弹性支架具有固定架设管道和隔振双重作用。弹簧式弹性吊架如图 2-29 所示，橡胶垫式弹性吊架如图 2-30 所示。

7.6　水泵试运转及故障排除

水泵的试运行是验收交工的重要工序。实践表明，水泵的事故多发生在运行初期。通过试运行及时进行故障排除。

7.6.1 试运行前的检查

水泵试运行前，应做全面检查，经检查合格后，方可进行试运转，检查的主要内容如下：

（1）电动机转向的检查，泵与电动机的转向必须一致。泵的转向可通过泵壳顶部的箭头确定，或通过泵壳外形辨别，如图 2-31所示。这时只要启动电动机就可确认泵与电动机的旋转方向是否一致。如转向不一致，可将电动机的任意两根接线调换一下即可。

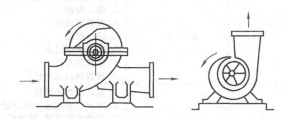

图 2-31　根据泵壳判断旋转方向

（2）每个润滑部位应先涂注润滑油脂，油脂的规格、数量和质量应符合技术文件的规定。轴承油箱内的油位应位于油窗的中间。

（3）检查各部位螺栓是否安装完好，各紧固连接部位不应松动。

（4）检查管道上的压力表、止回阀、闸阀等附件是否安装正确完好。吸水管上的阀门是否安全，压出管上的阀门是否关闭。

（5）手盘车应灵活、正常。

7.6.2 水泵的启动

水泵的启动多为"零流量启动"，即在出口阀门关闭的状态下启动水泵。当泵启动时，不应使其一下子达到额定转速，而应做两、三次反复启闭和停止的操作后，再慢慢地增加到额定转速，达到额定转速后，应立即打开出口阀，出水正常后再打开压力表表阀。

7.6.3 水泵的运行

水泵在设计负荷下连续试运转不少于 8h，并注意以下事项：

（1）压力、流量、温度和其他要求应符合设备技术文件的规定。

（2）无不正常的振动和噪声。

（3）轴承油箱油量及甩油环工作是否正常，滚动轴承温度不应高于 75℃，滑动轴承不应高于 70℃。

（4）泄漏量：普通软填料每分钟不超过重 10～20 滴，机械密封每分钟不超过 3 滴，如渗漏过多，可适当拧紧压盖螺栓。

（5）运行中流量的调节应通过压出管路上的阀门进行。

（6）检查备用泵和旁通管上的止回阀是否严密，以免运行中介质回流。

（7）注意进出口压力、流量、电流等工况。如压力急剧下降，可能吸入管有堵塞或吸入了污物和空气；如压力急剧上升，可能压出管有堵塞；如电流表指针跳动，可能泵内有磨损现象。

（8）离心泵的停车也应在出口阀全闭的状态下进行。

7.6.4 水泵运行故障与处理

水泵运行故障大致分为：泵不出水、流量不足、振动及杂声、消耗功率过大、轴承发热等五个方面。泵试运行的常见故障及排出方法见表 2-19。

泵试运行的常见故障及排出方法　　　　　　　表 2-19

序号	故障原因	产生的原因	排除的方法
1	泵不出水	1. 泵启动前吸入管未灌满水 2. 吸入管漏气 3. 泵转速太低 4. 底阀阻塞 5. 吸入高度过大 6. 泵转向不符 7. 扬程超过额定值	1. 再次充水直至充满 2. 检查吸入管，消除漏气现象 3. 用转速表检查并加以调整 4. 清理底阀阻塞物 5. 降低泵的安装高度 6. 改变电动机接线，使泵正转 7. 降低扬程至额定值范围
2	流量不足	1. 管路或底阀淤塞 2. 填料不紧密或破碎而漏气 3. 皮带太松打滑，转速低 4. 吸入管不严密 5. 出水闸阀未全部开启 6. 抽吸流体温度过高 7. 转速降低	1. 清洗管路、底阀及泵体 2. 拧紧填料压盖或更换填料 3. 调节皮带松紧度或更换皮带 4. 检查泄漏处，消除泄漏 5. 开启 6. 适当降低抽吸流体的温度 7. 检测电压，使供电正常
3	振动和杂声	1. 泵和电动机不同心 2. 轴弯曲、轴和轴承磨损大 3. 流量太大 4. 吸入管阻力太大 5. 吸入高度太大	1. 校正同心度 2. 校正或更换轴及轴承 3. 关闭压出管闸阀，调节出水量 4. 检查吸水管及底阀，减小阻力 5. 降低泵的安装高度
4	消耗功率过大	1. 填料函压得太紧 2. 叶轮转动部分和泵体摩擦 3. 泵内部淤塞 4. 止推轴颈磨损，温度升高 5. 转速太高，流量、扬程不符	1. 放松填料压盖螺母 2. 检查泵轴承间隙，消除摩擦 3. 检查清洗泵内部 4. 更换轴承 5. 调整转速
5	轴承发热	1. 润滑脂过多或过少 2. 泵和电机不同心 3. 滚珠轴承和托架压盖间隙小 4. 皮带过紧 5. 润滑油（脂）质量不佳	1. 过多的减少，不足的补加 2. 校正同心度 3. 拆开压盖加垫片，调整间隙值 4. 调整皮带松紧度 5. 更换润滑油（脂）

课题 8　水箱的安装

按不同用途水箱可分为高位水箱、减压水箱、冲洗水箱、断流水箱等多种类型。这里主要介绍在给水系统中使用较广的起到保证水压和贮存、调节水量的高位水箱。图 2-32 为水箱的配管与附件的示意图。

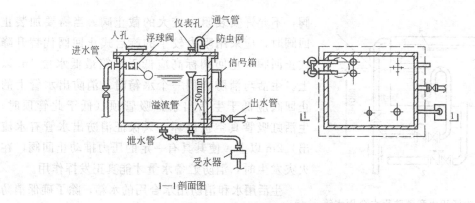

1—1剖面图

图 2-32　水箱配管、附件示意图

8.1　水箱的布置与安装

（1）水箱间的位置应结合建筑、结构条件，便于管道布置，尽量缩短管线长度。水箱间应有良好的通风、采光和防蚊蝇措施，室内最低气温不得低于 5℃。水箱间的净高不得低于 2.2m，并能满足布管要求。水箱间的承重结构应为非燃烧材料。

（2）水箱布置间距要求见表 2-20。对于大型公共建筑和高层建筑，为保证供水安全，宜将水箱分为两格或设置两个水箱。

水箱布置间距（m）　　　　　　　　　　　　　　　　　　表 2-20

形式	箱外壁至墙面的距离		水箱之间的距离	箱顶至建筑最低点的距离
	有阀一侧	无阀一侧		
圆形	0.8	0.5	0.7	0.8
矩形	1.0	0.7	0.7	0.8

注：1. 水箱旁连接管道时，表中所规定的距离应从管道外表面算起。

　　2. 当水箱按表中布置有困难时，允许水箱之间或水箱与墙壁之间的一面不留检修通道。

　　3. 表中有阀或无阀指有无液压水位控制阀或浮球阀。

（3）金属水箱的安装用槽钢（工字钢）梁或钢筋混凝土支墩支承。为防水箱底与支承接触面发生腐蚀，应在它们之间垫以石棉橡胶板、橡胶板或塑料板等绝缘材料。

水箱底距地面宜有不小于 800mm 的净空高度，以便安装管道和进行检修。

有些建筑对抗震和隔声有要求时，水箱的安装方法参见《给水排水设计手册》第 2 册。

8.2　水箱配管、附件安装

8.2.1　进水管

水箱进水管一般从侧壁接入，也可从底部或顶部接入，但应有防回流污染的措施。

当水箱利用管网压力进水时，进水管水流出口应尽量装液压水位控制阀或者浮球阀，控制阀由顶部接入水箱，当管径≥50mm 时，其数量一般不少于两个，每个控制阀前应装有检修阀门。当水箱利用加压泵压力进水并利用水位升降自动控制加压泵运行时，不应装水位控制阀。

8.2.2　出水管

水箱出水管可从侧壁或底部接出。出水管内底（侧壁接出）或管口顶面（底部接出）应高出水箱内底不少于 50mm。出水管上应设置内螺纹（小口径）或法兰（大口径）闸

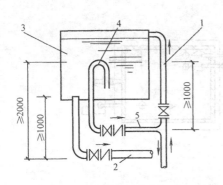

图 2-33　生活用水和消防用水合用水箱
1—进水管；2—消防出水管；3—水箱；
4—虹吸管顶钻眼；5—生活出水管

阀，不允许安装阻力较大的截止阀。当需要加装止回阀时，应采用阻力较小的旋启式止回阀代替升降式止回阀，止回阀标高应低于水箱最低水位1m以上。生活与消防合用一个水箱时，消防出水管上的止回阀应低于生活出水虹吸管顶（低于此管顶时，生活虹吸管真空被破坏，只保证消防出水管有水流出）2m以上，使其具有一定的压力推动止回阀，在火灾发生时，消防贮备水量才能真正发挥作用。

生活用水和消防用水合用的水箱，除了确保消防贮备水量不做他用的技术措施之外，还应尽量避免产生死水区，如生活出水管采用虹吸管顶钻眼（孔径为管径的0.1倍）等措施，如图2-33所示。

8.2.3　溢水管

水箱溢水管可从侧壁或底部接出，溢流管的进水口宜采用水平喇叭口集水（若溢流管从侧壁接出，喇叭口下的垂直距离不以小于溢流管径的4倍）并应高出水箱最高水位50mm，溢流管出口应设网罩，管径应比进水管大一级。在水箱底1m以下管段可用大小头缩成等于进水管管径。

溢水管不得与排水系统直接连接，必须采用间接排水。

8.2.4　泄水管

水箱泄水管应从底部最低处接出。泄水管上装设内螺纹或法兰闸阀（不应装截止阀）。泄水管可与溢水管相接，但不得与排水系统直接连接。泄水管管径在无特殊要求时，一般采用不小于50mm。

8.2.5　通气管

供生活饮用水的水箱应设有密封箱盖，箱盖上应设有检修入孔和通气管。通气管可伸至室内或室外，但不得伸到产生有害气体的地方，管口应有防止灰尘、昆虫和蚊蝇进入的滤网，一般应将管口朝下设置。通气管上不得装设阀门、水封等妨碍通气的装置。通气管管径一般不小于50mm。

8.2.6　水位信号装置

该装置是反映水位控制失灵报警的装置。可在溢流管口（或内底）齐平处设信号管，一般至水箱侧壁接出，常用管径为15mm，其出口接至经常有人值班房间的洗涤盆上。

8.2.7　水箱满水试验

水箱组装完毕后，应进行满水试验。关闭出水管和泄水管，打开进水管，边放水边检查，放满为止，经2～3h，不渗水为合格。

课题9　建筑给水管道的特殊处理

9.1　给水引入管穿越基础

引入管进入建筑内，一种是从建筑物的浅基础下通过，另一种是穿越承重墙或基础，

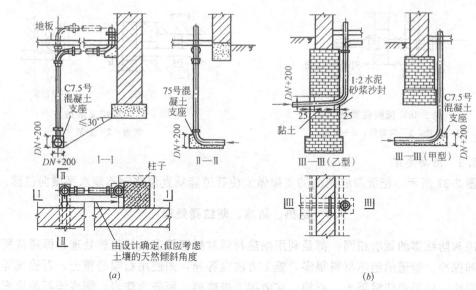

图 2-34　给水管道穿越基础

（a）用于柱型基础进水管；（b）用于带型基础进水管

其敷设方法如图 2-34 所示。

9.2　防沉降缝折剪管道处理

当给水管道穿过建筑物的沉降缝时，有可能在墙体沉陷时折剪管道而发生漏水或断裂等，此时给水管道需做防剪切破坏处理。原则上管道应尽量避免通过沉降缝，当必须通过时，有以下几种处理方法。

9.2.1　丝扣弯头法

如图 2-35 所示，不使管道直穿沉降缝，而是利用丝扣弯头把管道做成∩形管，利用丝扣弯头的可移性缓解墙体沉降不均的剪切力。这样，在建筑物沉降过程中，两边的沉降差就可由丝扣弯头的旋转来补偿。这种方法适用于小管径的管道。

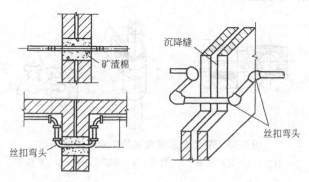

图 2-35　丝扣弯头法

9.2.2　橡胶软管法

如图 2-36 所示，用橡胶软管连接沉降缝两端的管道这种做法只适用于冷水管道（$t \leqslant 20℃$）。

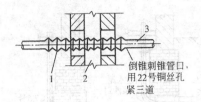

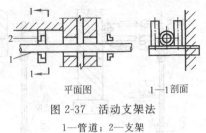

图 2-36　橡胶软管法

1—软管；2—沉降缝；3—管道

图 2-37　活动支架法

1—管道；2—支架

9.2.3　活动支架

如图 2-37 所示，把沉降缝两侧的支架做成使管道能垂直位移而不能水平横向位移。

9.3　绝热、防冻、防结露处理

防冻和防结露的做法相同，都是利用绝热材料对局部管道做好绝热处理，即通常所说的保温和保冷。管道的绝热材料很多，施工方法也各异，如使用石棉硅藻土、石棉灰等涂抹式保温法；使用泡沫混凝土、石棉、矿渣棉、玻璃棉、膨胀珍珠岩、膨胀蛭石等填充式和预制式保温法；使用矿渣棉毡、玻璃棉毡、超细玻璃棉毡及岩棉毡、岩棉被等缠绕式保温法等。详见"建筑热水供应系统"。

9.4　防噪声传播处理

管道的噪声主要来自水泵运行、管内水流速度较大、阀门或水嘴启闭引起的水击等原因，这种现象在高层建筑物中更为突出，因为高层建筑物中常设有水泵、加压泵间或其他设备间，管内水流速度也较大（高层建筑物要求供水流速不大于 1.0m/s）。噪声可以通过管道、墙体、水流和空气等媒介传播而影响室内安装，对于高级建筑物需做好防噪声处理。

消除和减弱噪声的措施除了在设计方面采用合理流速、水泵减振等方法外，从安装角度考虑，主要是利用吸声材料隔离管道与其依托的建筑物的硬接触，如暗装管道和穿墙管填充矿渣棉，管道托架及立管卡和管子的软结合，水嘴采用软连接等，图 2-38 所示为管道和水嘴安装的防噪声措施图。

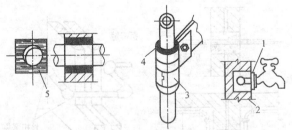

图 2-38　管道和水嘴安装的防噪声措施图

1—胶皮；2—吸声材料；3—管卡；4—橡胶或毛毡；5—矿渣棉

思　考　题

1. 常用建筑给水管材有哪些？各有什么特点？如何选用？

2. 不同材质的管道各有哪些连接方法?

3. 不同类型的阀门各有什么特点?如何选用?

4. 建筑给水管道的敷设形式有哪几种?敷设管道时主要应考虑哪些因素?

5. 建筑给水管道的布置原则是什么?

6. 说明管道的支架种类。各有何特点?如何选用?

7. 说明管道支架安装的技术要求及安装方法。

8. 说明建筑给水管道安装的操作流程。

9. 简述建筑给水管道安装的过程。安装时应注意的质量问题是什么?

10. 说明建筑给水管试压的步骤。

11. 说明建筑给水管道安装的质量验收。

12. 如何安装各类阀门?安装时应注意的问题是什么?

13. 简述阀门故障的检修。

14. 说明水表的种类及安装要求。

15. 简述水泵安装的步骤。

16. 水泵吸水管、压水管的布置应注意哪些问题?

17. 水泵运行时常见故障有哪些?如何排除?

18. 水泵运行时如何防振?

19. 建筑给水管道穿越建筑基础、墙体如何处理?

单元 3　建筑消防系统的安装

知 识 点：（1）低层和高层建筑室内消火栓系统的布置及要求；（2）自动喷水灭火系统的布置及要求；（3）建筑消防系统的安装及施工验收规范。

教学目标：通过本单元的学习掌握建筑消防系统安装的方法和质量要求。

课题 1　建筑消防给水系统的布置

1.1　室内消火栓给水系统的布置

1.1.1　低层建筑室内消火栓系统的布置

（1）室内消防给水管道布置

1）低层建筑消火栓给水系统可与生活、生产给水系统合并，也可单独设置。

2）消火栓给水系统的管材常采用热浸镀锌钢管。

3）室内消火栓超过 10 个且室内消防用水量大于 15L/s 时，室内消防给水管道至少应有两条进水管与室外环状管网连接，并应将室内管道连成环状。当环状管网的一条进水管发生事故时，其余的进水管应仍能供应全部用水量。

4）7～9 层的单元式住宅和不超过 8 户的通廊式住宅，其室内消防给水管道可为枝状，进水管可采用一条。

5）超过 6 层的塔式（采用双出口消火栓除外）和通廊式住宅、超过 5 层或体积超过 10000m³ 的其他民用建筑、超过 4 层的厂房和库房，如室内消防立管为两条或两条以上时，应至少每两条立管相连组成环状管道。

6）超过 4 层的厂房和库房、设有消防管网的住宅及超过 5 层的其他民用建筑，其室内消防管网应设消防水泵接合器。距接合器 15～40m 内，应设室外消火栓或消防水池。水泵的数量，应按室内消防用水量确定，每个接合器的流量按 10～15L/s 计算。

7）室内消防给水管道应用阀门分成若干独立段，当某段损坏时，停止使用的消火栓在一层中不应超过 5 个，且阀门应经常开启，并应有明显的启闭标志。

8）室内消火栓给水管网与自动喷水系统的给水管网，宜分开设置；如有困难，应在报警阀前分开设置。

9）消防用水与其他用水合并的室内管道，当其他用水达到最大秒流量时，应仍能供应全部消防用水量，其淋浴用水量可按计算用水量的 15％ 计算，洗涤用水量可不计算在内。当生产、生活用水量达到最大且市政给水管道仍能满足室外消防用水量时，室内消防泵进水管宜直接从市政给水管道取水。

10）严寒地区非采暖的厂房、库房的室内消火栓，可采用干式系统，但在进水管上应设快速启闭装置，管道最高处应设排气阀。

（2）室内消火栓的布置

1）布置室内消火栓，对于建筑高度小于或等于24m且体积小于或等于5000m³库房，可用一支水枪的充实水柱到达室内任何部位。其他建筑应保证有两支水枪的充实水柱同时到达室内任何部位。

2）消防电梯前室应设室内消火栓。

3）冷库的室内消火栓应设在常温穿堂或楼梯间内。

4）设有消火栓的建筑，如为平屋顶时，宜在平屋顶上设置试验和检查用的消火栓。

5）高层工业建筑和水箱不能满足最不利点消火栓水压要求的其他建筑，应在每个室内消火栓处设置直接启动消防水泵的按钮，并应有保护设施。

6）室内消火栓应设在明显易于取用的地点，栓口离地面高度为1.1m，其出水方向宜向下，或与设置消火栓的墙面成90°角。

7）室内消火栓的间距应由计算确定，高层工业建筑，高架库房，甲、乙类厂房，室内消火栓的间距不应超过30m；其他单层和多层建筑室内消火栓的间距不应超过50m。

8）同一建筑物应采用统一规格的消火栓、水枪和水带，每根水带的长度不应超过25m。

9）临时高压给水系统的每个消火栓处应设直接启动消防水泵的按钮，并应设有保护按钮的设施。

水枪的充实水柱长度应由计算确定，一般不应小于7m。但甲、乙类厂房，超过六层的民用建筑及超过四层的厂房和库房内不应小于10m；高层工业建筑、高架库房内，水枪的充实水柱不应小于13m；室内消火栓口处的静水压力应不超过80m水柱，如超过80m水柱，应采用分区给水系统。消火栓口处的出水压力超过50m水柱时，应有减压设施。

1.1.2 高层建筑室内消火栓给水系统的布置

（1）高层建筑室内消火栓消防管道的布置

1）室内消防给水系统应与生活、生产给水系统分开独立设置；室内消火栓给水系统应与自动喷水灭火系统分开设置，有困难时，可合用消防泵，但在自动喷水灭火系统的报警阀前（沿水流方向）必须分开设置。消防水箱（池）可与生产用水合用，但应有消防用水不被生产用水动用的技术措施。

2）室内消防给水管道应布置成环状。

3）室内消防给水管网的进水管和区域高压或临时高压给水系统的引入管不应少于两根，当其中一根发生故障时，其余的进水管或引入管应能保证消防用水量和水压的要求。

4）每根消防立管的直径应按通过的流量经计算确定，但不应小于100mm。18层及18层以下，每层不超过8户、建筑面积不超过650m²的塔式住宅，当设两根消防立管有困难时，可设一根立管，但必须采用双阀双出口型消火栓。

5）阀门设置以便于检修而又不过多影响室内供水为原则。室内消防给水管道应采用阀门分成若干独立段；阀门的设置，应保证检修管道时关闭停用的立管不超过一根。当立

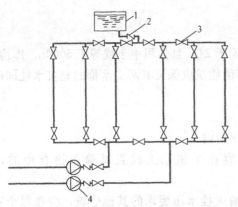

图 3-1　室内消防管网阀门布置图

1—消防水箱；2—止回阀；3—阀门；4—水泵

管超过 4 根时，可关闭不相邻的两根，如图 3-1所示。室内消防管道上的阀门应处于常开状态，且有明显的启闭标志。

6）室内消火栓给水系统应设水泵接合器，消防给水为竖向分区时，在消防车供水压力范围内的分区，应分别设置水泵接合器。水泵接合器的类型、数量、布置和计算要求同低层建筑。

（2）高层建筑室内消火栓的布置要求

1）按照《高层民用建筑设计防火规范》和《建筑设计防火规范》的规定，除无可燃物的设备层外，高层建筑和裙房的各层均应设室内消火栓。

2）高层建筑的平屋顶上应设一个装有压力显示装置的检查和试验用消火栓，采暖地区可设在顶层出口处或水箱间内。

3）消防电梯前室内设消火栓；临时高压给水系统的每个消火栓处应设直接启动消防水泵的按钮，并应设有保护按钮的设施。

4）消火栓应设在走道、楼梯附近等明显易于取用的地点，消火栓的间距应保证同层任何部位有两支水枪充实水柱同时到达。

5）消火栓的间距应由计算确定，且高层建筑不应大于 30m，裙房不应大于 50m；消火栓栓口离地面高度为 1.10m，栓口出水方向宜向下或与设置消火栓的墙面相垂直。

6）同一建筑内，消火栓应采用同一型号规格。消火栓的栓口直径应为 65mm，水带长度不应超过 25m，水枪喷嘴口径不应小于 19mm。

1.2　自动喷水灭火系统的布置

1.2.1　闭式自动喷水灭火系统的布置

（1）喷头的布置

1）喷头的布置形式。喷头的布置形式分正方形、矩形和平行四边形三种，如图 3-2 所示。

2）喷头的布置

A. 直立型、下垂型标准喷头的布置，包括同一配水管上喷头的间距及相邻配水管的间距，应根据系统的喷水强度、喷头的流量系数和工作压力确定。其溅水板与顶板的距离，不应小于 75mm 且不宜大于 150mm（吊顶型、吊顶下安装的喷头除外）。

B. 喷头上方有开口、缝隙，或在敞开式吊顶中埋设喷头时，其上方应设集热挡水板。集热挡水板其平面面积不宜小于 0.12m²，周围弯边的下沿宜与喷头的溅水盘平齐。

C. 当屋面板坡度大于 1∶3 并且在距离屋脊处 75cm 范围内无喷头时，应在屋脊处增设一排喷头。布置在有坡度的房顶下、吊顶下的喷头应垂直于斜面，其间距按水平投影确定。

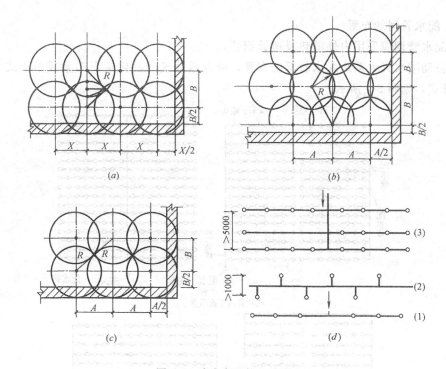

图 3-2　喷头布置的几种形式

（*a*）喷头正方形布置；（*b*）喷头菱形布置；（*c*）喷头长方形布置；（*d*）双排及水幕防火带平面布置

X—喷头间距；R—喷头计算喷水半径；A—长边喷头间距；B—短边喷头间距

（1）单排；（2）双排；（3）防火带

D. 设置自动喷水灭火系统的建筑，当吊顶上闷顶、技术夹层内的净高度大于 800mm，且内部有可燃物时，应在闷顶或技术夹层内设置喷头。

E. 防火分隔水幕的喷头布置，应保证水幕的宽度不小于 6m。采用水幕喷头时，喷头不应少于 3 排；防护冷却水幕的喷头宜布置成单排。

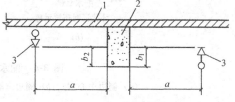

图 3-3　喷头与梁边的距离

1—顶棚；2—梁；3—喷头

F. 喷头溅水盘布置在梁侧附近时，喷头与梁边的距离，应按不影响喷洒面积的要求确定，如图 3-3 所示，并见表 3-1 的规定。

喷头与梁边的距离　　　　　　　　　　　　　　　表 3-1

喷头与梁边的距离 a(cm)	喷头向上安装 b_1(cm)	喷头向下安装 b_2(cm)	喷头与梁边的距离 a(cm)	喷头向上安装 b_1(cm)	喷头向下安装 b_2(cm)
20	1.7	4.0	120	13.5	46.0
40	3.4	10.0	140	20.0	46.0
60	5.1	20.0	160	26.5	46.0
80	6.8	30.0	180	34.0	46.0
100	9.0	41.5			

（2）配水管网的布置

1）配水管网应采用内外壁热浸镀锌钢管。

2）自动喷水灭火系统配水管网的布置，应根据建筑的具体情况布置成中央式和侧边式两种形式，如图3-4所示。

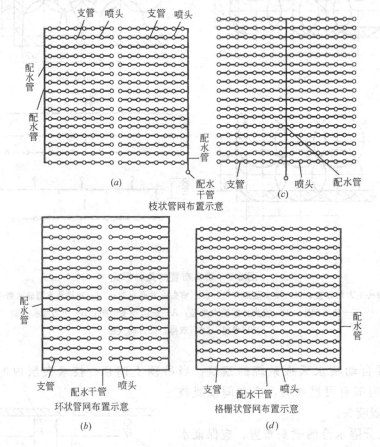

图 3-4　配水管网的几种布置形式

（a）侧边中心式；（b）侧边末端式；（c）中央末端式；（d）中央中心式

3）报警阀前管道采用内不防腐的钢管时，应在该管道的末端设过滤器。系统管道的连接，应采用沟槽式连接件（卡箍）或丝扣、法兰连接。报警阀前采用内壁不防腐钢管时，可焊接连接。

4）系统中直径等于或大于100mm的管道，应分段采用法兰或沟槽式连接件（卡箍）连接。

5）水平管道上法兰间的管道长度不宜大于20m；立管上法兰间的距离，不应跨越3个及以上楼层。净空高度大于8m的场所内，立管上应有法兰。短立管及末端试水装置的连接管管径不应小于25mm。

6）干式系统、预作用系统的供气管道采用钢管时，管径不宜小于15mm；采用铜管时，管径不宜小于10mm。配水支管管径不应小于25mm。

7）配水管道的工作压力不应大于1.20MPa，并不应设置其他用水设施。

8）管道的直径应经水力计算确定。配水管道的布置，应使配水管入口的压力均衡。轻危险级、中危险级场所中各配水管入口的压力均不宜大于 0.40MPa。

9）自动喷水灭火系统水压应按最不利点的工作压力确定，闭式自动喷水灭火系统最不利点喷头水压应为 0.098MPa，最小不应小于 0.049MPa。

10）干式系统的配水管道充水时间，不宜大于 1min；预作用系统与雨淋系统的配水管道充水时间，不宜大于 2min。

11）配水管两侧每根配水支管控制的标准喷头数，轻危险级、中危险级场所不应超过 8 只，同时在吊顶上下安装喷头的配水支管，上下侧均不应超过 8 只。严重危险级及仓库危险级场所均不应超过 6 只。轻危险级、中危险级场所中配水支管、配水管控制的标准喷头数不应超过表 3-2 规定。

轻危险级、中危险级场所中配水支管、配水管控制的标准喷头数　　　表 3-2

公称直径（mm）	控制标准喷头数（只）		公称直径（mm）	控制标准喷头数（只）	
	轻危险级	中危险级		轻危险级	中危险级
25	1	1	65	18	12
32	3	3	80	48	32
40	5	4	100	—	64
50	10	8			

12）配水支管相邻喷头间应设支吊架，配水立管、配水干管与配水支管上应再附加防晃支架。

13）自动喷水灭火系统应设消防水泵接合器，一般不少于两个，每个按 10～15L/s。

14）分隔阀门应设在便于维修的地方，分隔阀门应经常处于开启状态，一般用锁链锁住。分隔阀门最好采用明杆阀门。

15）水平安装的管道宜有坡度，并应坡向泄水阀。充水管道的坡度不宜小于 2%，准备工作状态不充水的管道的坡度不宜小于 4%，并在管网的末端设充水时用的排气装置。

1.2.2　开式自动喷水灭火系统的布置

（1）雨淋自动喷水灭火系统的布置

1）开式喷头的布置。开式喷头在空管式雨淋系统中，喷头可向上或向下安装，在充水式雨淋系统中，喷头应向上安装。最不利点喷头的供水压力应不小于 0.05MPa。

2）雨淋管网的设置。在一组雨淋系统装置中，雨淋阀超 3 个时，雨淋阀前的供水干管应采用环状管网。环状管网应设置检修阀，检修时关闭的雨淋阀门的数量不应超过 2 个。

3）干、支管的平面布置。每根配水支管上装设的喷头不宜超过 6 个，每根配水干管的一端所负担分布支管的数量亦不应多 6 根，以免水量分布不均匀。干支管的平面布置如图 3-5 所示。

（2）水幕系统的布置

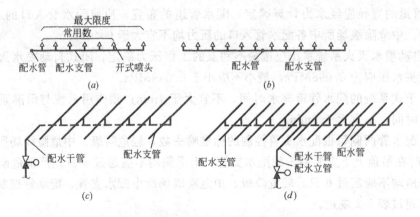

图 3-5　喷头与干、支管的平面布置

(a) 当喷头数为 6～8 个时的布置形式；(b) 当喷头数为 6～12 个时的布置形式；
(c) 当配水支管≤6 条时的布置形式；(d) 当配水支管 6～12 条时的布置形式

水幕系统的组成如图 3-6 所示。

水幕喷头应均匀布置，并应符合下列要求：

1）水幕作为保护使用时，喷头成单排布置，并喷向被保护对象；

2）舞台口和面积大于 3m² 的洞口部位布置双排水幕喷头；

3）每组水幕系统的安装喷头数不宜超过 72 个；

4）在同一配水支管上应布置相同口径的水幕喷头。

窗口水幕喷头距离玻璃面的距离如图 3-7 所示。檐口下水幕喷头的布置如图 3-8
所示。

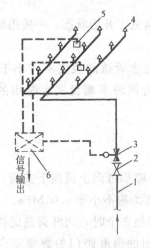

图 3-6　水幕系统的组成

1—供水管；2—总闸阀；3—控制阀；4—水幕
喷头；5—火灾探测器；6—火灾报警控制器

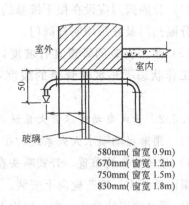

580mm(窗宽 0.9m)
670mm(窗宽 1.2m)
750mm(窗宽 1.5m)
830mm(窗宽 1.8m)

图 3-7　窗口水幕喷头距离玻璃面的距离

建筑物转角处阀门和止回阀的布置，应在建筑物的某一侧开启水幕喷头时，相邻侧
的邻近一排窗口水幕喷头也同时开启，如图 3-9 所示。

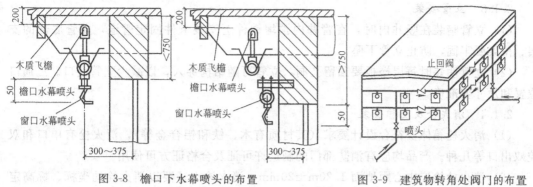

图 3-8　檐口下水幕喷头的布置　　　　图 3-9　建筑物转角处阀门的布置

课题2　室内消火栓系统的安装

2.1　室内消火栓系统安装

室内消火栓系统安装的工艺流程为：

安装准备→消防水泵安装→干、立管安装→消火栓及支管安装→消防水箱和水泵接合器安装→管道试压→管道冲洗→消火栓配件安装→系统通水试调。

2.1.1　安装准备

(1) 认真熟悉图纸，根据施工方案、技术、安全交底的具体措施选用材料，测量尺寸，绘制草图，预制加工。

(2) 核对有关专业图纸，查看各种管道的坐标、标高是否有交叉或排列位置不当，及时与设计人员研究解决，办理洽商手续。

(3) 检查预埋件和预留洞是否正确。

(4) 检查管材、管件、阀门、设备及组件等是否符合设计要求和质量标准。

(5) 根据施工现场情况，安排合理的施工顺序，避免各工种交叉作业，互相干扰，影响施工。

2.1.2　干管安装

(1) 消火栓消防系统干管安装应根据设计要求使用管材。镀锌钢管和非镀锌钢管丝扣连接同室内给水管道的连接。

(2) 碳素钢管或无缝钢管在焊接前应清除接口处的浮锈、污垢及油脂。当壁厚≤4mm，直径≤50mm 时应采用气焊；壁厚＞4mm，直径＞50mm 时应采用电焊。

(3) 不同管径的管道焊接，连接时如两管相差不超过管径的 15%，可将大管端部缩口与小管对焊。如果两管相差超过 15%，应用异径短管焊接。

(4) 管道对口焊缝上不得开口焊接支管，焊口不得安装在支吊架的位置。

(5) 碳素钢管开口焊接时要错开焊缝，并使焊缝朝向易观察和维修的方向上。

(6) 管道焊接时先点焊三点以上，然后检查预留口位置、方向、变径等无误后，找直，找正，再焊接，紧固卡件，拆掉临时固定件。

(7) 管道穿墙处不得有接口（丝接或焊接），管道穿过伸缩缝处应有防护措施。

2.1.3　立管安装

（1）立管暗装在竖井内时，在管井内预埋铁件上安装卡件固定管道，立管底部的支架、吊架要牢固，防止立管下坠。

（2）立管明装时每层楼板要预留孔洞，立管可随结构穿入，以减少立管接口。三通口位置和尺寸要准确。

2.1.4　消火栓及支管安装

（1）消火栓箱体要符合设计要求（其材质有木、铁和铝合金等），消火栓有单口和双控双出口等几种。产品均应有消防部门的制造许可证及合格证方可使用。

（2）消火栓栓口中心距地面 1.20m±20mm，消火栓支管要以消火栓的坐标、标高定位甩口。核定后再稳固消火栓箱，箱体找正稳固后再把消火栓安装好，消火栓栓口要垂直墙面朝外，消火栓侧装在箱内时应在箱门开启的一侧，箱门应开启灵活。

（3）消火栓箱体安装在轻质隔墙上时，应有加固措施。

（4）消火栓箱内的配件应在交工前进行安装。消防水龙带应折好放在挂架上或卷实、盘紧放在箱内。消防水枪要竖放在箱体内侧，自救式水枪和软管应放在挂卡上或放在箱底部。消防水龙带与水枪、快速接头的连接，一般用 14 钢丝绑扎两道，每道不少于两圈，使用卡箍时，在里侧加一道钢丝。设有电控按钮时，应注意与电气专业配合施工。

2.1.5　消防水泵、高位水箱和水泵接合器安装

（1）消防水泵的安装

1）消防水泵安装见给水水泵的安装：水泵的规格型号应符合设计要求，水泵应采用自灌式吸水，水泵基础按设计图纸施工，吸水管应加减振接头。加压泵可不设减振装置，但恒压泵应加减振装置，进出水口加防噪声设施，水泵出口宜加缓闭式逆止阀。

2）水泵配管安装应在水泵定位找平正、稳固后进行。水泵设备不得承受管道的重量。安装顺序为逆止阀、阀门依次与水泵紧牢。与水泵相接配管的一片法兰先与阀门法兰紧牢，再把法兰松开取下焊接，冷却后再与阀门连接好，最后再焊与配管相接的另一管段。

3）配管法兰应与水泵、阀门的法兰相符，阀门安装手轮方向应便于操作，标高一致，配管排列整齐。

（2）高位水箱安装

应在结构封顶及塔吊拆除前就位，并应做满水试验，消防用水与其他共用水箱时应确保消防用水不被他用，留有 10min 的消防总用水量。与生活水合用时应使水经常处于流动状态，防止水质变坏。消防出水管应加单向阀（防止消防加压时，水进入水箱）。所有水箱管口均应预制加工，如果现场开口焊接应在水箱上焊加强板。

（3）水泵接合器安装

水泵接合器一端由室内消防给水干管引出，另一端设于消防车易于使用和接近的地方，距人防工程出入口不宜小于 5m，距室外消火栓或消防水池的距离宜为 15～40m，如图 3-10 所示。水泵接合器有地上、地下和墙壁式三种。采用地下室水泵接合器时，应有明显的标志。水泵接合器的设计参数和尺寸见表 3-3 和表 3-4。

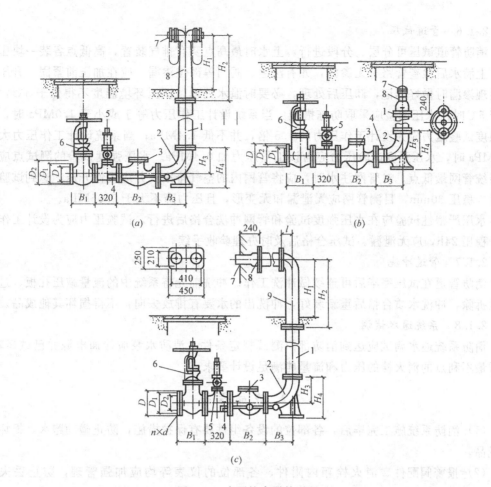

图 3-10　水泵接合器外形图

(a) SQ 型地上式；(b) SQ 型地下式；(c) SQ 型墙壁式

1—法兰接管；2—弯管；3—升降式止回阀；4—放水阀；5—安全阀；6—楔式闸阀；

7—进水用消防接口；8—本体；9—法兰弯管

水泵接合器型号及基本参数　　　　　　　　　　表 3-3

型号规格	形式	公称直径(mm)	公称压力(MPa)	进水口形式	进水口口径(mm)
SQ100	地上				
SQX100	地下	100	1.6	内扣式	65×65
SQB100	墙壁				
SQ150	地上				
SQX150	地下	150	1.6	内扣式	80×80
SQB150	墙壁				

水泵接合器的基本尺寸　　　　　　　　　　表 3-4

公称直径(mm)	结　构　尺　寸								法　兰					消防接口
	B_1	B_2	B_3	H_1	H_2	H_3	H_4	l	D	D_1	D_2	d	n	DWS65
100	300	350	320	700	800	210	318	130	220	180	158	17.5	8	DWS80
150	350	480	310	700	800	325	465	160	285	240	212	22	8	

2.1.6 管道试压

消防管道试压可分层、分段进行，上水时最高点要有排气装置，高低点各装一块压力表，上满水后检查管路有无渗漏，如有法兰、阀门等部位渗漏，应在加压前紧固，升压后再出现渗漏时做好标记，卸压后处理，必要时泄水处理。试压环境温度不得低于5℃，当低于5℃时，水压试验应采取防冻措施。当系统设计工作压力等于或小于1.0MPa时，水压强度试验压力应为设计工作压力的1.5倍，并不低1.4MPa；当系统设计工作压力大于1.0MPa时，水压强度试验压力应为该工作压力加0.4MPa。水压强度试验的测试点应设在系统管网最低点。对管网注水时，应将管网内的空气排净，并应缓慢升压，达到试验压力后，稳压30min，目测管网应无泄漏和无变形，且压力降不大于0.05MPa。

水压严密性试验应在水压强度试验和管网冲洗合格后进行。试验压力应为设计工作压力，稳压24h，应无泄漏。试压合格后及时办理验收手续。

2.1.7 管道冲洗

消防管道在试压完毕后可连续做冲洗工作。冲洗前先将系统中的流量减压孔板、过滤装置拆除，冲洗水质合格后重新装好，冲洗出的水要有排放去向，不得损坏其他成品。

2.1.8 系统通水试调

消防系统通水调试应达到消防部门测试规定条件。消防水泵应接通电源并已试运转，测试最不利点的消火栓的压力和流量能满足设计要求。

2.2 成品保护

（1）消防系统施工完毕后，各部位的设备组件要有保护措施，防止碰动跑水，损坏装修成品。

（2）报警阀配件、消火栓箱内附件、各部位的仪表等均应加强管理，防止丢失和损坏。

（3）消防管道安装与其他管道发生矛盾时，不得私自拆改，要经过设计方办理变更，洽商后妥善解决。

（4）喷头安装时不得污染和损坏吊顶装饰面。

2.3 室内消火栓系统安装时应注意的质量问题

（1）水泵接合器不能加压，是由于阀门未开启、止回阀装反或有盲板未拆除造成的。

（2）消火栓箱门关闭不严，是因为安装时未找正或箱门强度不够变形造成的。

（3）消火栓关闭不严，是由于管道未冲洗干净，阀座内有杂物造成的。

2.4 室内消火栓系统安装的质量验收规范

《建筑给水排水及采暖工程施工质量验收规范》（GB 50242—2002）中，有关建筑内部给水系统安装有如下规定。

2.4.1 主控项目

室内消火栓系统安装完成后应取屋顶层（或水箱间内）试验消火栓和首层取二处消火栓做试射试验，达到设计要求为合格。

检验方法：实地试射检查。

2.4.2 一般项目

(1) 安装消火栓水龙带，水龙带与水枪和快速接头绑扎好后，应根据箱内构造将水龙带挂放在箱内的挂钉、托盘或支架上。

(2) 箱式消火栓的安装应符合下列规定：

1) 栓口应朝外，并不应安装在门轴侧；

2) 栓口中心距地面为 1.1m，允许偏差 ±20mm；

3) 阀门中心距箱侧为 140mm，距箱后内表面为 100mm，距箱底 120mm，允许偏差 ±5mm；

4) 消火栓箱体安装的垂直度允许偏差为 3mm。

检验方法：观察和尺量检查。

课题 3 自动喷水灭火系统的安装

3.1 自动喷水系统安装

自动喷水系统安装工艺流程：

施工准备→消防喷淋水泵安装→干、立管安装→消防接合器及报警阀组装→支管安装→分层或分区强度试验及冲洗→喷头、水流指示器安装→系统严密性试验→系统调试。

3.1.1 施工准备（见消火栓系统安装）

3.1.2 消防喷淋水泵安装（见给水水泵安装）

3.1.3 干、立管安装

(1) 喷洒管道一般要求使用镀锌钢管及管件，干管直径在 100mm 以上，可采用碳素钢管或无缝钢管法兰连接，试压后做好标记拆下来再进行镀锌加工。需要拆装镀锌的管道应先安排施工，在镀锌前不允许刷油和污染管道。

(2) 喷洒干管用法兰连接时，每根配管长度不宜超过 6m，直管段可把几根连接在一起，使用倒链安装，但不宜过长。也可调直后，编号依次顺序吊装，吊装时，应先吊起管道一端，待稳定后再吊起另一端。

(3) 管道连接紧固法兰时，检查法兰端面是否干净，采用 3~5mm 的橡胶垫片。法兰螺栓的规格应符合规定。紧固螺栓应先紧最不利点，然后依次对称紧固。法兰接口应安装在易拆装的位置。

(4) 消防喷水系统镀锌管径 $DN > 80mm$ 时可采用卡槽式连接。

(5) 安装必须遵循先装大口径、总管、立管，后装小口径、分支管的原则。安装过程中不可跳装、分段装，必须按顺序连续安装，以免出现段与段之间连接困难和影响管路整体性能。

3.1.4 报警阀的安装

报警阀应设在明显、易于操作的位置，距地高度宜为 1mm 左右。报警阀处地面应有排水措施，环境温度不应低于 5℃。报警阀组装时应按产品说明书和设计要求，控制阀应有启闭指示装置，并使阀门工作处于常开状态。

3.1.5 支管安装

(1) 管道的分支预留口在吊装前应先预制好。丝扣连接的用三通定位预留口，焊接的可在干管上开口焊上熟铁管箍，调直后吊装。所有预留口均加好临时管堵。

（2）需要加工镀锌的管道在其他管道未安装前试压、拆除、镀锌后进行二次安装。

（3）走廊吊顶内的管道安装与通风管的位置要协调好。

（4）喷洒管道不同管径连接不宜采用补心，应采用异径管箍，弯头上不得用补心，应采用异径弯头，三通、四通处不宜采用补心，应采用异径管箍进行变径。

（5）向上喷的喷洒头有条件的可与分支干管顺序安装好。其他管道安装完后不易操作的位置也应先安装好向上喷的喷洒头。

（6）喷洒头支管安装指吊顶型喷洒头的末端一段支管，这段管道不能与分支干管同时顺序完成，要与吊顶装修同步进行。吊顶龙骨装完，根据吊顶材料厚度定出喷洒头的预留口标高，按吊顶装修图确定喷洒头的坐标，使支管预留口做到位置准确。支管管径一律为 $DN25mm$，末端用 $DN25mm \times DN15mm$ 的异径管箍口，管箍口与吊顶装修层平，拉线安装。支管末端的弯头处 100mm 以内应加卡件固定，防止喷头与吊顶接触不牢，上下错动。支管装完，预留口用丝堵拧紧。准备系统试压。

3.1.6　分层或分区强度试验及管道冲洗

（1）将需要试验的分层或分区与其他地方采用盲板隔离开来，同时用丝堵将喷嘴所安装位置临时堵上。在分区最不利点（最低、最高点）安装压力检测表。

（2）向试压区域进水，在试水末端排空，同时检查其他地方的排空情况。

（3）当水灌满时检查系统情况。若无泄漏即升压，当升至工作压力时，应停止加压，全面检查渗漏情况，若有渗漏要及时标注并泄压处理完毕后，再重新升至工作压力，检查无渗漏，即可升至工作压力的 1.5 倍进行强度试验，稳压 30min 后，目测管网无泄漏、无变形且压降不大于 0.05MPa 为合格。

（4）试压完毕由泄水装置进行放水，并拆除与干管隔离的堵板并恢复与主管连接。

（5）管道冲洗：喷淋管道在强度试压完毕后可启动水泵连续做冲洗工作。冲洗前先将系统中的流量减压孔板、过滤装置拆除，冲洗水质合格后重新装好，冲洗出的水要有排放去向，一般排放可使用室内排水系统进行排水。

3.1.7　喷头安装及水流指示器安装

（1）喷头安装

1）喷头安装应在管道系统完成试压、冲洗后，并且待建筑物内装修完成后进行安装。

2）喷头的规格、类型、动作温度要符合设计要求。

3）喷头安装的保护面积、喷头间距及距墙、柱的距离应符合规范要求。

4）喷头的两翼方向应成排统一安装。护口盘要贴紧吊顶，走廊单排的喷头两翼应横向安装。

5）安装喷头应使用特制专用扳手（灯叉型），填料宜采用聚四氟乙烯生料带，防止损坏和污染吊顶。

6）水幕喷头安装应注意朝向被保护对象，在同一配水支管上应安装相同口径的水幕喷头。

（2）水流指示器安装

喷洒系统水流指示器，一般安装在每层的水平分支干管或某区域的分支干管上，必须水平，立装时倾斜度不宜过大，保证叶片活动灵敏。水流指示器前后应保持有 5 倍安装管径长度的直管段，安装时注意水流方向与指示器的箭头一致。国内某些产品可直接安装在丝扣三通上，进口产品可在干管上开口用定型卡箍紧固。水流指示器适用于直径为 50～150mm 的管道上安装。

3.1.8 系统严密性试验

喷洒系统试压应在封吊顶前进行，为了不影响吊顶装修进度可分层分段试压，试压完后冲洗管道，合格后可封闭吊顶。吊顶材料在管箍口处开一个 30mm 直径的孔，把预留口露出，吊顶装修完后把丝堵卸下安装喷洒头。

3.1.9 系统调试

（1）水源测试

检查和核实消防水池的水位高度、容积及储水量，消防水泵接合器的数量和供水能力，并通过移动式消防泵来做供水试验。

（2）消防水泵

以自动或手动方式启动消防水泵时，消防水泵应在 5min 内投入运行，电源切换时，消防泵应在 1.5min 内投入正常运行。稳压泵模拟设计启动条件，稳压泵应立即启动，当达到系统设计压力时，稳压泵自动停止。

（3）报警阀

湿式报警在其试水装置处放水，报警阀应及时动作，水力警铃应发出报警信号，水流指示器应输出报警电信号，压力开关应接通电路报警，并应启动消防水泵。干式报警在开启系统试验阀时，报警阀的启动时间，启动点压力，水流到试验装置出口所需时间，均要满足设计要求。干式报警，当差动型报警阀上室和管网的空气压力降至供水压力的 1/8 以下时，试水装置应能连续出水，水力警铃应发出报警信号。

（4）排水装置

开启主排水阀，应按系统最大设计灭火水量做排水试验，并使压力达到稳定。

（5）联动试验

采用专用测试仪表或其他方式，对火灾自动报警系统输入模拟信号，火灾自动报警控制器应发出声光报警信号，并启动自动喷水系统。启动一只喷头或以 0.94～1.5L/s 的流量从末端试水装置处放水，水流指示器、压力开关、水力警铃和消防水泵等应及时动作并发出相应的信号。

3.2 成品保护

喷头安装时不得污染和损坏吊顶装饰面。其他方面见消火栓安装。

3.3 自动喷水灭火系统安装时应注意的质量问题

（1）喷洒管道拆改严重，是由于各专业工序安装协调不好，施工中应注意各专业工种的协调。

（2）喷头处有渗漏现象，是由于系统尚未试压就封吊顶，造成通水后渗漏。所以封吊顶前必须经试压，办理隐蔽工程验收手续。

（3）喷头与吊顶接触不严，护口盘偏斜，是由于支管末端弯头处未加卡件固定，支管尺寸不准，使护口盘不正。

（4）喷头不成排、成行，是因为安装时未拉线造成的。

（5）水流指示器工作不灵敏，是由于安装方向相反或电接点有氧化物造成接触不良。

（6）水泵接合器不能加压，是由于阀门未开启，止回阀装反或有盲板未拆除造成的。

（7）水幕消防系统测试时喷头堵塞，是由于管道内有杂物或水中有杂质，应在安装喷头前做冲洗和吹扫工作。

3.4 自动喷水灭火系统安装的质量验收规范

《建筑给水排水及采暖工程施工质量验收规范》（GB 50242—2002）中，有关建筑内部消防系统安装有如下规定。

3.4.1 主控项目

室内喷淋灭火系统安装完毕应对系统的供水、水源、管网、喷头布置及功能等进行检查和试验，达到设计要求为合格。

检验方法：观察检查，系统末端试水检测。

3.4.2 一般项目

（1）管网、喷头报警阀组和水力警铃、水流指示器、信号阀、自动排气阀、减压孔板和节流装置、压力开关、末端试水装置安装应符合设计要求。

检验方法：观察和尺量检查。

（2）喷头安装应符合下列规定：

1）喷头安装应在系统试压、冲洗合格后进行；

2）喷头安装时宜采用专用的弯头、三通；

3）喷头安装时，不得对喷头进行拆装、改动，并严禁给喷头附加任何装饰性涂层；

4）喷头安装应使用专用扳手，严禁利用喷头的框架施拧；喷头的框架、溅水盘产生变形或释放原件损伤时，应采用规格、型号相同的喷头更换；

5）当喷头的公称直径小于10mm时，应在配水干管或配水管上安装过滤器；

6）安装在易受机械损伤处的喷头，应加设喷头防护罩；

7）喷头安装时，溅水盘与吊顶、门、窗、洞口或墙面的距离应符合设计要求；

8）当喷头溅水盘高于附近梁底或高于宽度小于1.2m的通风管道腹面时，喷头溅水盘高于梁底、通风管道腹面的最大垂直距离应符合表3-5的规定；

喷头溅水盘高于梁底、通风管道腹面的最大垂直距离　　　　　　表3-5

喷头与梁、通风管道的水平距离 a(mm)	喷头溅水盘高于梁底、通风管道腹面的最大垂直距离(mm)	
	标准喷头	其他喷头
$a<300$	0	0
$300 \leqslant a<600$	60	40
$600 \leqslant a<900$	140	140
$900 \leqslant a<1200$	240	250
$1200 \leqslant a<1500$	350	380
$1500 \leqslant a<1800$	450	550
$a \geqslant 1800$	>450	>550

9）当通风管道宽度大于 1.2m 时，喷头应安装在其腹面以下部位；

10）当喷头安装在不到顶的隔断附近时，喷头与隔断的水平距离和最小垂直距离应符合表 3-6 的规定。

喷头与隔断的水平距离和最小垂直距离 　　　　　　　　　　表 3-6

水平距离 S(mm)	S<150	150≤S <225	225≤S <300	300≤S <375	375≤S <450	450≤S <600	600≤S <750	S>750
最小垂直距离(mm)	75	100	150	200	240	320	400	450

检验方法：观察和尺量检查。

思 考 题

1. 以水为灭火剂的消防系统有哪几类？各自的工作原理是什么？适用什么范围？
2. 室内消火栓给水系统由哪几部分组成？
3. 消火栓的布置有何要求？
4. 高层建筑消火栓灭火系统分区给水有哪几种方式？
5. 常用的自动喷水灭火系统有哪几种？适用条件是什么？
6. 自动喷水灭火系统的主要组件有哪些？其作用是什么？
7. 喷头的布置有何要求？
8. 自动喷水灭火系统的管道布置有何要求？
9. 水喷雾灭火系统有何特点？适用条件是什么？
10. 水喷雾灭火系统与自动喷水灭火系统有何区别？
11. 简述消火栓消防系统的安装要求。
12. 简述自动喷水灭火系统的安装要求。

单元 4　建筑热水系统的安装

　　知 识 点：(1) 建筑热水系统常用的管材和附件；(2) 建筑热水系统的布置与敷设；(3) 建筑热水管道系统的防腐与保温；(4) 建筑热水系统的安装方法和质量要求；(5) 建筑热水系统施工与验收规范。

　　教学目标：掌握 (1) 建筑热水系统的安装方法和质量要求；(2) 建筑热水系统施工与验收规范。

课题 1　建筑热水供应系统的管材与附件

1.1　建筑热水供应系统常用的管材

　　热水供应系统可使用如下管材：

　　热镀锌钢管、钢塑管、铝塑管（PAP、XPAP）、聚丁烯管（PB）、聚丙烯管（PP-R）、交联聚乙烯管（PEX）、铜管等。

1.2　建筑热水供应系统的主要附件

　　热水供应系统中除设置必要的检修、调节阀门外，还需要根据热水系统的组成而安装不同的附件，以便控制水温、水压、排气、管道伸缩等问题，保证整个热水供应系统安全可靠地运行。

1.2.1　温度自动调节装置

　　当水加热器出口的水温需要控制时，可根据有无贮热调节容积分别安装不同温度级精度要求的直接式自动温度调节器或间接式自动温度调节器。

　　直接式自动温度调节器的温度调节范围有：0～50℃、20～70℃、50～100℃、70～120℃、100～150℃、150～200℃等温度等级，公称压力为 1.0MPa。适宜于温度为-20～150℃的环境内使用。

　　间接式自动温度调节器，由温包、电触点温度计、电动调压阀组成，若加热器出口水温高于设计要求，电动阀门关小以减少热媒进量；若加热器出口水温低于设计要求，电动阀门开大以增加热媒进量，达到自动调节加热器出口水温的目的。

1.2.2　安全装置

　　闭式热水供应系统中，热媒为蒸汽或大于 90℃的高温热水时，水加热设备除安装安全阀外，系统中还宜设膨胀罐或膨胀管；开式热水供应系统的水加热器可不装安全阀（劳动保护部分有要求者除外）。

　　（1）安全阀

　　安全阀是一种保护器材，安装在管网和其他设备中，其作用是避免压力超过规定的范围而造成管网和设备等的破坏。热水供应系统中宜采用微启式弹簧安全阀，设计时应注意使用压力范围，安全阀的开启压力一般为水加热器处工作压力的 1.1 倍，但不得大于水加热器处本体的设计压力（一般为 0.5MPa、0.98MPa 和 1.57MPa 等 3 种规格）。

安全阀的直径应比计算值大一级，一般可令安全阀阀座内径比水加热器热水出水管管径小一号，安全阀应直立安装在水加热器的顶部，其排除口应设导管将热水引至安全地点。在安全阀与设备之间不得装吸水管、引气管或阀门。

(2) 膨胀管

膨胀管是一种吸收热水系统内热水升温膨胀量、防止设备和管网超压的简易装置。适用于有可能设置膨胀水箱的热水系统；建筑顶层设有中水箱、消防水箱等非生活饮用水箱，膨胀管应从上接入，入口与水箱最高水位之间应有 5～10cm 的间隙。

膨胀管上严禁设阀门，如有可能冻结时膨胀管需作保温，膨胀管最小管径见表 4-1，多台水加热器宜分别设置各自的膨胀管。

膨胀管管径 表 4-1

锅炉或水加热器的传热面积(m²)	<10	10～15	15～20	≥20
膨胀管最小管径	25	32	40	50

(3) 释压阀与膨胀水罐

对于从室外给水管道直接进水的闭式热水系统，可在加热器上设置释压阀。当热水系统的压力超过释压阀设定压力时，释压阀开启，排出一部分热水，使压力下降，而后释压阀关闭，如此往复。虽然释压阀安装简单，但灵敏度较低，动作可靠性差。

闭式热水供应系统中宜设膨胀水罐，以吸收加热贮热设备及管道内水升温时的膨胀量。有隔膜式压力膨胀水罐和胶囊式压力膨胀水罐之分。膨胀水罐可设在水加热器和止回阀之间的冷水进水管上或热水回水管的分支管上。

1.2.3 管道伸缩、补偿装置

金属管道随热水温度升高将发生热伸长现象，如果这个热伸长量不能得到补偿，将会使管道承受很大的应力，管道会产生弯曲、位移、接头开裂等现象。因此，在较长的直线热水管路上，每隔一定距离需设置伸缩器。

管道伸缩器形式有自然补偿、方形伸缩器、套管伸缩器、波纹管伸缩器和橡胶管接头补偿等。

(1) 自然补偿管道

利用管路布置敷设的自然转向来补偿管道的伸缩变形，称自然补偿管道，分为 L 形、Z 形两种形式如图 4-1 所示。对于较短的热水管道，采用这种方法，可不设伸缩器。

(2) 方形伸缩器

对于较长的直线管道，不能采用自然补偿方式，应每隔一定距离设伸缩器。方形伸缩器是用整根管道弯制而成，工作可靠，制造简易，严密性好，维护方便，但占地面积较大。一个方形伸缩器可承受 50mm 左右的伸缩量。图 4-2 为方形伸缩器。

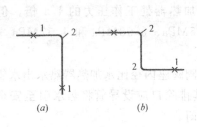

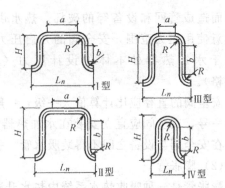

图 4-1　自然补偿管道

(a) L形；(b) Z形

1—固定支架；2—煨弯管

图 4-2　方形伸缩器

（3）套管伸缩器

套管伸缩器具有伸缩量大，占地小，安装简单等优点，但也存在易漏水、需经常维修等缺点。适用于安装空间小且管径 $DN \geqslant 100$mm 的直线管路，图 4-3 为单向套管伸缩器。

（4）球形伸缩器

球形伸缩器的特点是伸长量大且占建筑内部空间较方形伸缩器小，但造价较高，图 4-4 为球形伸缩器。

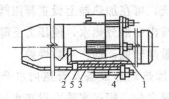

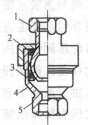

图 4-3　单项套管伸缩器

1—芯管；2—壳体；3—填料圈；

4—前压盘；5—后压盘

图 4-4　球形伸缩器

1—球形接头；2—压盖；3—密封；

4—卡环；5—接头

此外，还有波形管伸缩器、橡胶软管伸缩器等，均适用于安装在空间较小的地方。

1.2.4　疏水器

疏水器的作用是保证凝结水及时排放，同时又阻止蒸汽漏失。用蒸汽作热媒间接加热的水加热器、开水器的凝结水管上应每台单独设疏水器，但能保证凝结水出水温度不大于 80℃的设备可不装疏水器。

蒸汽管向下凹处的下部，蒸汽主管底部应设疏水器，以及时排掉管中存留的凝结水，疏水器前应设过渡器，疏水器处一般不设旁通阀。当疏水器后有背压、凝结水管抬高或不同压力的凝结水接在同一根母管上时，在疏水器后应设止回阀。

疏水器根据其工作压力的不同可分为低压和高压，热水系统中常采用高压疏水器。

1.2.5　排气装置

在开式上行下给热水系统中，可在管网最高处装排气管，向上伸出超过屋顶冷水箱的最高水位以上一定距离；在闭式上行下给热水系统中，可装自动排气阀；在下行上给式热水系统中，可利用立管上最高水龙头排气。

1.2.6 温度计

温度计的刻度范围应为工作温度范围的 2 倍。

1.2.7 压力表

压力表的精度不应低于 2.5 级，即允许误差为表盘刻度极限值的 1.5%，表盘刻度极限值宜为工作压力值的 2 倍，表盘直径不应小于 100mm。

1.2.8 阀门

根据使用要求和维修条件，在下列管段上应装阀门：

(1) 配水或回水环形管网的分干管上；

(2) 配水立管和回水立管上；

(3) 从立管接出的支管上；

(4) 配水点超过 5 个的支管上；

(5) 加热设备、贮水器、自动温度调节器和疏水器等的进、出水管上；

(6) 配水干管上根据运行管理和执行要求应设置适当数量的阀门。

1.2.9 止回阀

热水供应系统管道上在下列管段上应设止回阀：

(1) 水加热器、贮水器的冷水供水管上；

(2) 机械循环系统中热水回水管上；

(3) 加热水箱与冷水补水箱的连接管上；

(4) 混合器的冷、热水供水管上；

(5) 疏水器后有背压时；

(6) 循环水泵的出水管上。

1.2.10 减压阀与节流阀

热水加热器所需蒸汽压力一般不大于 0.5MPa，若蒸汽压力远大于加热器所需蒸汽压力，则不能保证设备安全运行，此时应在蒸汽管上设置减压阀，以降低蒸汽压力。

节流阀用于热水供应系统回水管上，可粗略调节流量与压力，有直通式和角式两种，前者装于直线管段，后者装于水平和垂直相交管段处。

热水供应系统的附件除上述几种外，还有除污器、捕碱器、磁水器和分水器等。

1.2.11 水表

为计量热水总用水量可在水加热设备的冷水供水管上装冷水表，对用水点可在热水供水管上设热水表。

课题 2 建筑热水供应系统的布置与敷设

2.1 热水管道的布置

热水管道的布置与给水管道基本相同。管道的布置应该在满足安装和维修管理的前提下，使管线尽量短。热水管道通常为明装，建筑物对美观有较高要求时，也可暗装。热水管道干管一般敷设在地沟内、地下室顶棚下、建筑物最高层的顶棚下或顶棚内。

立管暗装时一般敷设在预留的沟槽内或管道竖井中，明装时可敷设在卫生间或非居住房间。

管道穿墙或穿楼板时应加装套管，楼板套管应高出地面 50～100mm，以防地面积水流入下层房间。

热水横管应有不小于 0.003 的坡度，为了便于排气和泄水，坡度方向与水流方向相反。在上分式系统配水干管的最高点应设排气装置，如自动排气阀、集气罐或膨胀水箱。在系统的最低点应设泄水装置或利用最低配水龙头泄水，泄水装置可为泄水阀或丝堵，其口径为管道直径的 1/10～1/5。为了集存热水中析出的气体，防止其被循环水带走，下分式系统回水立管应在配水立管最高配水点以下 ≥0.5m 处与配水立管连接。

为避免干管伸缩时对立管的影响，热水立管与水平干管连接时，应采用乙字弯管，如图 4-5 所示。

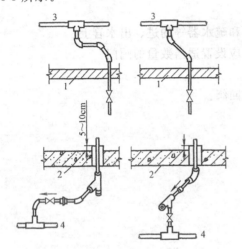 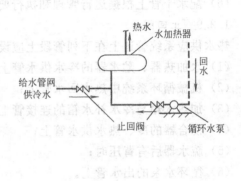

图 4-5　热水立管与水平干管的连接方式　　图 4-6　热水管道上止回阀位置

1—吊顶；2—地板或沟盖板；3—水平横管；4—回水管

为满足热水管网中循环流量的平衡调节和检修的需要，在配水管道或回水管道的分干管处、配水立管和回水立管的端点、从立管接出的支管、3 个及 3 个以上配水点的配水支管、以及居住建筑和公共建筑中每一户或单元的热水支管上，均应设阀门。热水管道中水加热器或贮水器的冷水供水管、机械循环第二循环回水管和冷热水混水器的冷、热水供水管上应设止回阀，以防止加热设备内水倒流被泄空而造成安全事故和防止冷水进入热水系统影响配水点温度，如图 4-6 所示。

热水管道应设固定支架和活动导向支架，固定支架的间距应满足管段的热伸长量不大于伸缩器所允许的补偿量，固定支架之间可设活动导向支架。

热水管道所用的阀门和龙头，为防止渗漏，不应采用容易受温度影响的皮革做密封圈，一般密封圈材料为铜质。

容积式水加热器或热水贮水器上接出的热水管应从设备顶部接出。当热水供应系统为自然循环时，其回水管一般在设备顶部以下 1/4 高度处接入；机械循环时，回水则从设备底部接入。热媒为热水时，进水管应在设备顶部以下 1/4 高度处接入，其回水管应在设备底部接入。

水加热器和贮水器可以布置在锅炉房内，也可以设置在单独房间内。水加热器一侧应留有净距为 0.7m 的通道，以便于安装和维修；前端应有抽出加热排管的空间，最小不得小于 1.2m。水加热器上部附件的最高点至建筑结构最低点的净距应满足检修的要求，但不得小于 0.2m；房间净高不得低于 2.2m。

2.2　热水管道的保温与防腐

热水管网若采用低碳钢管材和加热设备，由于暴露在空气中，会受到氧气、二氧化碳、二氧化硫和硫化氢的腐蚀，金属表面还会产生电化学腐蚀。由于热水水温高，气体溶解度低，管道内壁氧化活动极强，使得金属管材极易腐蚀。长期腐蚀的结果是管道和设备的壁变薄，使系统受到破坏，可在金属管材和设备外表面涂刷防腐材料，在金属设备内壁及管内加耐腐衬里或涂防腐涂料来阻止腐蚀作用。

常用防腐材料为油漆，油漆分为底漆和面漆。底漆在金属表面打底，具有附着、防水和防锈功能，面漆起耐光、耐水和覆盖功能。

热水系统中，对管道和设备进行保温是一项重要的任务，其主要目的是减少介质在输送过程中的热散失，从而降低热水制备、循环流量的热量，提高长期运行的经济性，从技术安全出发创造良好的环境，使得蒸汽和热水管道保温后外表面温度不致过高，以避免大量的热散失、烫伤或积尘等，创造良好的工作条件。

保温材料的选择要遵循以下主要原则：导热系数低，具有较高的耐热性，不腐蚀金属，材料密度小并具有一定的孔隙率，低吸水率并具有一定的机械强度，易于施工，就地取材成本低等。

保温层厚度的确定，对管道和设备均需按经济厚度计算法计算，并应符合《设备及管道保温技术通则》（GB 4272—84）中的规定。为了设计时简化计算过程，给水排水标准图集 87S159 中提供了管道和设备保温的结构图和直接查表确定厚度的图表，同时也为施工提供了详图和工程量的统计计算方法。随着科学技术的发展，越来越多优质价廉新型的保温材料不断出现，其性能可靠、施工方便、满足消防要求。设计选用时可直接按产品样本提供的计算公式、设计参数进行计算，并按要求进行施工。

不论采用何种保温材料，在保温施工前，均应将金属管道和设备进行防腐处理，将表面清除干净，刷防锈漆两遍。同时为增加保温结构的机械强度和防水能力，应视采用的保温材料在保温层外设保护层。

课题 3　建筑热水管道系统的安装

建筑热水管道系统安装的工艺流程为：

安装准备→预制加工→干管安装→支管安装→管道试压→管道防腐和保温→管道冲洗。

安装准备及预制加工阶段详见建筑给水管道安装部分。

3.1　热水干管安装

室内热水干管一般埋设在地下。

3.1.1　管道定位

依据土建给定的轴线及标高线，结合立管坐标，确定地下热水管道的位置。根据已确定的管道坐标与标高，从引入管开始沿管道走向，用米尺量出引入管至干管及各立管间的管段尺寸，并在草图上做好标注。

3.1.2　管道安装

（1）对选用的管材、管件做相应的质量检查，合格后清除管内污物。对于管道上的阀门，当管径小于或等于 50mm 时，宜采用截止阀；大于 50mm 时，宜采用闸阀。

（2）根据各管段长度及排列顺序，预制地下热水管道。预制时注意量准尺寸，调准各管件方向。

（3）引入管直接和埋地管连接时应保证必要的埋深。塑料管的埋深不能小于 300mm。其室外部分埋深由土的冰冻深度及地面荷载情况决定，一般埋深应在冰冻线以下 20cm，且管顶覆土厚度不小于 0.7～1.0m。

（4）引入管穿越基础孔洞时，应按规定预留好基础沉降量（≥100mm），并用黏土将孔洞空隙填实，外抹 M5 水泥砂浆封严。塑料管在穿基础时应设置金属套管。套管与基础预留孔上净空高度不小于 100mm。

（5）地下热水管道宜有 0.002～0.005 的坡度，坡向引入管口处。引入管应装有泄水阀门，一般泄水阀门设置在阀门井或表井内。

（6）管段预制后，经复核支、托架间距、标高、坡度、塞浆强度均满足要求时，用绳索或机具将其放入沟内或地沟内的支架上，核对管径、管件及其朝向、坐标、标高、坡度无误后，由引入管开始至各分岔立管阀门止，连接各接口。

（7）在地沟内敷设时，依据草图标注，装好支、托架。

（8）立管甩头时，应注意立管外皮距墙装饰面的间距。

3.1.3　试压隐蔽

（1）地下给水管道全部安装完，进行水压试验后方可隐蔽。对于塑料管水压试验必须在安装 24h 后进行。

（2）先对管道充水并逐渐升压达工作压力，稳压 1h 后补压至试验压力值，钢管或复合管道系统在试验压力下 10mim 内压力降不大于 0.02MPa，然后降至工作压力检查，压力应不降，且管道连接处不渗、不漏；塑料管道系统在试验压力下稳压 1h，压力降不得超过 0.05MPa，然后在工作压力 1.15 倍状态下稳压 2h，压力降不得超过 0.03MPa，连接处不渗漏为合格。

（3）经质量检查员会同有关人员对地下管道的材质、管径、坐标、标高、坡度及坡向、防腐、管沟基础等全面核验，确认符合设计要求及规范规定后填写隐蔽工程记录，方可进行管沟回填。

3.2　热水立管安装

3.2.1　修整、凿打楼板穿管孔洞

根据地下铺设的热水管道各立管甩头位置，在顶层楼地板上找出立管中心线位置，先打出一个直径 20mm 左右的小孔，用线坠向下层楼板吊线，找出中心位置打小孔。依次放长线坠向下层吊线，直至地下热水管道立管甩头处，核对修整各层楼板孔洞位置。开扩

修整楼板孔洞，使各层楼板孔洞的中心位置在一条垂线上，且孔洞直径应大于要穿越的立管外径 20～30mm，如遇上层墙体减薄，使立管距墙过远时，可调整上层楼板孔洞中心位置，再扩孔修整使立管中心距墙一样。

3.2.2 量尺、下料

确定各层立管上所带的各横支管位置。据图纸和有关规定，按土建给定的各层标高线来确定各横支管位置与中心线，并将中心线标高划在靠近立管的墙面上。用木尺杆或米尺由上至下，逐一量准各层立管所带各横支管中心线标高尺寸，然后记录在木尺杆或草图上直至一层甩头阀门处。按量记的各层立管尺寸下料。

3.2.3 预制、安装

预制时尽量将每层立管所带的管件、配件在操作台上安装。在预制管段时要严格找准方向。在立管调直后可进行主管安装。安装前应先清除立管甩头处阀门的临时封堵物，并清净阀门丝扣内和预制管腔内的污物泥砂等。按立管编号，从一层阀门处往上，逐层安装给水立管，并从 90℃的两个方向用线坠吊直热水立管，用铁钎子临时固定在墙上。

3.2.4 装立管卡具、封堵楼板眼

按管道支架制作安装工艺装好立管卡具。对穿越热水立管周围的楼板孔隙，可用水冲洗、湿润孔洞四周，吊模板，再用不小于楼板混凝土强度等级的细石混凝土灌严、捣实，待卡具及堵眼混凝土达到强度后拆模。在下层楼板封堵完后可按上述方法进行上一层立管安装，如遇墙体变薄或上下层墙体错位，造成立管距墙太远时，可采用冷弯管叉弯或用弯头调整立管位置，再逐层安装至最高层给水横支管位置处。

3.3 热水支管安装

3.3.1 修整、凿打墙体穿管孔洞

（1）根据图纸设计的横支管位置与标高，结合各类用水设备进水口的不同情况，按土建给定的地面水平线及抹灰层厚度，排尺找准横支管穿墙孔洞的中心位置，用十字线标记在墙面上。

（2）按穿墙孔洞位置标记开扩修整预留孔洞，使孔洞中心线与穿墙管道中心线吻合。且孔洞直径应大于管外径 20～30mm。

3.3.2 量尺、下料

（1）由每个立管各甩头处管件起，至各横支管所带卫生器具和各类用水设备进水口位置上，量出横支管各个管段间的尺寸，记录在草图上。

（2）按设计要求选择适宜管材及管件，并清除管腔内污杂物。

（3）根据实际测量的尺寸下料。

3.3.3 预制安装

（1）根据横支管设计排列情况及规范规定，确定管道支、吊、托架的位置与数量。

（2）按设计要求或规范规定的坡度、坡向及管中心与墙面距离以及立管甩头处管件外底位置确定横支管的管外底位置线。再依据位置线标高和支吊托架的结构形式，凿打出支、吊、托架的墙眼。一般墙眼深度不小于 120mm。应用水平尺或线坠等，按管道外底位置线将已预制好的支、吊、托架涂刷防锈漆后，将支架栽牢，找平，找正。

（3）按横支管的排列顺序，预制出各横支管的各管段，同时找准横支管上各甩头管件

的位置与朝向。

（4）待预制管段预制完及所栽支、吊、托架的灌浆达到强度后，可将预制管段依次放在支、吊、托架上，连接、调直好接口，并找正各甩头管件口的朝向，紧固卡具，固定管道，将敞口处作好临时封堵。

（5）用水泥砂浆封堵穿墙管道周围的孔洞，注意不要突出抹灰面。

3.3.4 连接各类用水设备的短支管安装

（1）安装各类用水设备的短支管时，应从热水横支管甩头管件口中心吊一线坠，再根据用水设备进水口需要的标高量取短管尺寸，并记录在草图上。

（2）根据量尺记录选管下料，接至各类用水设备进水口处。

（3）栽好必需的管道卡具，封堵临时敞口处。

3.4 水压试验

热水供应系统安装完毕，管道保温之前应进行水压试验。试验压力应符合设计要求。当设计未注明时，热水供应系统水压试验压力应为系统顶点的工作压力加 0.1MPa，同时在系统顶点的试验压力不小于 0.3MPa。

试压步骤如下：

（1）向管道系统注水

以水为介质，由下而上向系统送水。当注水压力不足时，可采取增压措施。注水时需将给水管道系统最高点的阀门打开，待管道系统内的空气全部排净见水后将阀门关闭，此时表明管道系统注水已满。

（2）向管道系统加压

管道系统注满水后，启动加压泵使系统内水压逐渐升高，先升至工作压力，停泵观察，当各部位无破裂、无渗漏时，再将压力升至试验压力。钢管或复合管道系统在试验压力下 10min 内压力降不大于 0.02MPa，然后降至工作压力检查，压力应不降，且不渗不漏；塑料管道系统在试验压力下稳压 1h，压力降不得超过 0.05MPa，然后在工作压力1.15 倍状态下稳压 2h，压力降不得超过 0.03MPa，连接处不得渗漏。

铜管试验压力的取值，我国尚无规范。国外铜管水压试验压力为 1MPa，持续时间1h，管接口不渗漏为合格。气压试验压力为 0.3MPa，持续时间 0.5h，用肥皂水抹在管接口上，未发现鼓泡为合格。

（3）泄水

热水管道系统试压合格后，应及时将系统低处的存水泄掉，防止积水冬季冻结破坏管道。

3.5 防腐工艺流程

表面去污除锈→调配涂料→刷或喷涂施工→养护。

3.5.1 表面去污除锈

金属表面去污方法有溶剂清洗、碱液去污、乳剂除污。

金属除锈方法有人工除锈、机械除锈、喷砂除锈。

3.5.2 调配涂料

工程中用漆种类繁多，底、面漆不相配会造成防腐失败。

（1）根据设计要求按不同管道、不同介质、不同用途及不同材质选择油漆涂料。

（2）管道涂色分类：管道应根据输送介质选择涂色，如设计无规定，参考表 4-2 选择涂料颜色。

管道涂色分类 表 4-2

管 道 名 称	颜 色	
	底色	色环
热水送水管	绿	黄
热水回水管	绿	褐

（3）将选好的油漆桶开盖，根据原装油漆稀稠程度加入适量稀释剂。油漆的调和程度要考虑涂刷方法，调和至适合手工涂刷或喷涂的稠度。喷涂时，稀释剂和油漆的比可为 1∶（1～2），用棍棒搅拌均匀，如果可以刷、不流淌、不出刷纹，即可准备涂刷。

3.5.3 油漆涂刷

（1）手工涂刷：用油刷、小桶进行。每次油刷沾油要适量，不要弄到桶外污染环境。手工涂刷要自上而下、从左到右、先里后外、先斜后直、先难后易、纵横交错地进行。漆层厚薄均匀一致，不得漏刷和漏挂。多遍涂刷时每遍不宜过厚。必须在上一遍涂膜干燥后才可涂刷第二遍。

（2）浸涂：用于形状复杂的物件防腐。把调和好的漆倒入容器或槽里，然后将物件浸在涂料液中，浸涂均匀后抬出涂件，搁置在干净的排架上，待第一遍干后，再浸涂第二遍。

（3）喷涂法：常用的有压缩空气喷涂、静电喷涂、高压喷涂。

3.5.4 油漆涂层养护

（1）油漆施工条件：不应在雨天、雾天、露天和 0℃ 以下环境施工。

（2）油漆涂层的成膜养护：溶剂挥发型涂料靠溶剂挥发干燥成膜，温度为 15～250℃。氧化—聚合型涂料成膜经过溶剂挥发和氧化反应聚合阶段才达到强度。烘烤聚合型的磁漆只有烘烤养护才能成膜。固化型涂料分常温固化和高温固化满足成型条件。

3.6 保 温

3.6.1 管道胶泥结构保温涂抹法工艺流程

配制与涂抹→缠草绳→缠镀锌铁丝网→干燥→保护层→防锈漆。

（1）配制与涂抹

先将选好的保温材料按比例称量并混合均匀，然后加水调成胶泥状，准备涂抹使用。$DN \leqslant 40mm$ 时保温层厚度较薄，可以一次抹好；$DN > 40mm$ 时可分几次抹，第一层用较稀的胶泥散敷，厚度一般为 2～5mm，待第一层完全干燥后再涂抹第二层，厚度为 10～15mm，以后每层厚度均为 15～25mm，直到达到设计要求的厚度为止。表面要抹光，外面再按要求作保护层。

（2）缠草绳

根据设计要求，在第一层涂抹后缠草绳，草绳间距为 5～10mm，然后再于草绳上涂抹各层石棉灰，达到设计要求的厚度为止。

（3）缠镀锌铁丝网

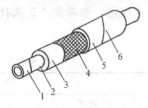

图 4-7　管道胶泥保温结构
1—管道；2—防锈漆；
3—保温层；4—铁丝网；
5—保护层；6—防腐体

保温层的厚度在 100mm 以内时，可用一层镀锌铁丝网缠于保温管道外面。若厚度大于 100mm 时可做两层镀锌铁丝网，具体做法如图 4-7 所示。

（4）加温干燥

施工时环境温度不得低于 0℃，为加快干燥可在管内通入高温介质（热水或蒸汽），温度应控制在 80～150℃。

（5）法兰、阀门保温时两侧必须留出足够的间隙（一般为螺栓长度加 30～50mm），以便拆卸螺栓。法兰、阀门安装紧固后再用保温材料填满充实做好保温。

（6）管道转弯处，在接近弯曲管道的直管部分应留出 20～30mm 膨胀缝，并用弹性良好的保温材料填充。

（7）高温管道的直管部分每隔 2～3m、普通供热管道每隔 5～8m 设膨胀缝，在保温层及保护层留出 5～10mm 的膨胀缝并填以弹性良好的保温材料。

3.6.2　管道棉毡、矿纤等结构保温绑扎法

（1）棉毡缠包保温

先将成卷的棉毡按管径大小裁剪成适当宽度的条带（一般为 200～300mm），以螺旋状包缠到管道上。边缠边压边抽紧，使保温后的密度达到设计要求。当单层棉毡不能达到规定保温层厚度时，用两层或三层分别缠包在管道上，并将两层接缝错开。每层纵横向接缝处必须紧密接合，纵向接缝应放在管道上部，所有缝隙要用同样的保温材料填充。表面要处理平整、封严。

保温层外径不大于 500mm 时，在保温层外面用直径为 1.0～1.2mm 的镀锌铁丝绑扎，绑扎间距为 150～200mm，每处绑扎的铁丝应不小于两圈。当保温层外径大于 500mm 时，还应加镀锌铁丝网缠包，再用镀锌铁丝绑扎牢。如果使用玻璃丝布或油毡做保护层时则不必包铁丝网。保温结构如图 4-8 所示。

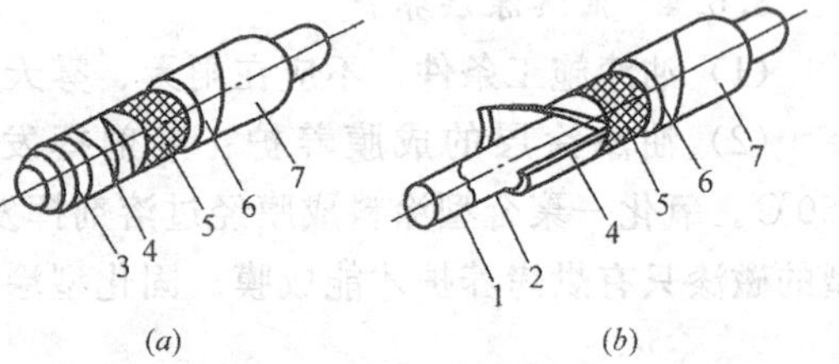

图 4-8　缠包法保温结构
1—管道；2—防锈漆；3—镀锌铁丝；4—保温毡；
5—铁丝网；6—保护层；7—防锈漆

（2）矿纤预制品绑扎保温

保温管壳可以用直径 1.0～1.2mm 镀锌铁丝等直接绑扎在管道上。绑扎保温材料时应将横向接缝错开，采用双层结构时，双层绑扎的保温预制品内外弧度应均匀并盖缝。若保温材料为管壳应将纵向接缝设置在管道的两侧。

用镀锌铁丝或丝裂膜绑扎带时，绑扎的间距不应超过 300mm，并且每块预制品至少应绑扎两处，每处绑扎的钢丝或带不应少于两圈。其接头应放在预制品的纵向接缝处，使得接头嵌入接缝内。然后将塑料布缠绕包扎在壳外，圈与圈之间的接头搭接长度应为 30～50mm，最后外层包玻璃丝布等保护层，外刷调和漆。

（3）非纤维材料的预制瓦、板保温

1）绑扎法。适用于泡沫混凝土、硅藻土、膨胀珍珠岩、膨胀蛭石、硅酸钙保温瓦等制品。保温材料与管壁之间涂抹一层石棉粉、石棉硅藻土胶泥，一般厚度为 3～5mm，然后再将保温材料绑扎在管壁上。所有接缝均应用石棉粉、石棉硅藻土或与保温材料性能相近的材料配成胶泥填塞。其他过程与矿纤预制品绑扎保温施工相同。保温结构如图 4-9 所示。

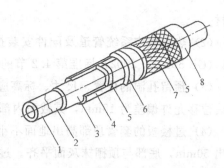

图 4-9　绑扎法保温结构
1—管道；2—防锈漆；3—胶泥；4—保温材料
5—镀锌铁丝；6—沥青油毡；7—玻璃丝布；
8—保护层（防腐漆及其他）

2）粘贴法。将保温瓦块用粘接剂直接贴在保温件的面上。保温瓦应将横向接缝错开，粘贴住即可。涂刷粘贴剂时要保持均匀饱满，接缝处必须填满、严实。

（4）管件绑扎保温

管道上的阀门、法兰、弯头、三通、四通等管件保温时应特殊处理，以便于启闭检修或更换。其做法与管道保温基本相同。

3.7　冲洗与消毒

热水供应系统竣工后必须进行冲洗。

3.7.1　吹洗条件

室内热水管路系统水压试验已做完；各环路控制阀门关闭灵活可靠；临时供水装置运转正常，增压水泵工作性能符合要求；冲洗水放出时有排出的条件；水表尚未安装，如已安装应卸下，用直管代替，冲洗后再复位。

3.7.2　冲洗工艺

先冲洗热水管道系统底部干管，后冲洗各环路支管。由临时供水入口系统供水。关闭其他支管的控制阀门，只开启干管末端支管最底层的阀门，由底层放水并引至排水系统内。观察出水口水质变化。底层干管冲洗后再依次吹洗各分支环路。直至全系统管路冲洗完毕为止。

冲洗时技术要求如下：

（1）冲洗水压应大于热水系统供水工作压力。

（2）出水口处的管道截面不得小于被冲洗管径截面的 3/5。

（3）出水口处的排水流速不小于 1.5m/s。

3.8　建筑热水系统安装的质量验收规范

《建筑给水排水及采暖工程施工质量验收规范》（GB 50242—2002）中，有关建筑热水系统安装有如下规定。

3.8.1　一般规定

（1）保证热水供应的质量。热水供应系统的管道应采用耐腐蚀、对水质无污染的管材。

（2）热水供应系统管道及配件安装执行《建筑给水排水及采暖工程施工质量验收规范》（GB 50242—2002）标准第4.2节的相关规定。

（3）预留孔洞的位置、尺寸、标高应符合设计和施工规范要求。预留孔、预留管的中心线位移允许偏差为15mm，其截面内部尺寸允许偏差为±5mm。

（4）过楼板的套管顶部高出地面不小于20mm，卫生间、厨房等容易积水的场合必须高出50mm，底部与顶棚抹灰面平齐。过墙壁的套管两端与饰面平齐，过基础的套管两端各伸出墙面30mm以上。管顶上部应留够净空余量。套管固定应牢固，管口平齐，环缝均匀。根据不同介质，填料充实，封堵严密。

（5）螺纹连接应牢固，管螺纹根部有外露螺纹不多于2扣，镀锌钢管和管件的镀锌层无破损，螺纹露出部分防腐蚀良好，接口处应无外露麻丝或胶带。

（6）焊口平直度、焊缝加强面应符合规范规定。焊口表面无烧穿、裂纹和明显结瘤、夹渣及气孔等缺陷。焊波均匀一致，管子对口的错口偏差应不超过管壁厚的20%，且不超过2mm。对接焊时应饱满，且高出焊件1.5～2mm，平整、均匀，无波纹、断裂、烧焦、吹毛和未焊透的缺陷。

（7）法兰对接平行紧密，与管子中心线垂直，螺杆露出螺母长度一致，且不大于螺杆直径的1/2，螺母在同侧。

（8）管道支、吊、托架要构造正确，埋设平整牢固，排列整齐，支架与管子接触紧密。夹具的数量、位置应符合规范要求。

3.8.2 主控项目

（1）热水供应系统安装完毕，管道保温之前应进行水压试验。试验压力应符合设计要求。当设计未注明时，热水供应系统水压试验压力应比系统顶点的工作压力大0.1MPa，同时在系统顶点的试验压力不小于0.3MPa。

检验方法：先对管道充水并逐渐升压达工作压力，钢管或复合管道系统在试验压力下10min内压力降不大于0.02MPa，然后降至工作压力检查，压力应不降，且不渗、不漏；塑料管道系统在试验压力下稳压1h，压力降不得超过0.05MPa，然后在工作压力1.15倍状态下稳压2h，压力降不得超过0.03MPa，连接处不得渗漏。

（2）热水供应系统应尽量利用自然弯补偿热伸缩，直线段过长则应设置补偿器，补偿器形式、规格、位置应符合设计要求，并按有关规定进行预拉伸。

检验方法：对照设计图纸检查。

（3）热水供应系统竣工后必须进行冲洗。

检验方法：现场观察检查。

3.8.3 一般项目

（1）管道安装坡度应符合设计规定。

检验方法：水平尺、拉线尺量检查。

（2）温度控制器及阀门应安装在便于观察和维护的位置。

检验方法：观察检查。

（3）热水供应管道和阀门安装的允许偏差应符合表4-3规定。

管道和阀门安装的允许偏差和检验方法　　　　　　表4-3

项次	项　　目			允许偏差（mm）	检验方法
1	水平管道纵横方向弯曲	钢管	每米	1	用水平尺、直尺、拉线和尺量检查
			全长25m以上	≤25	
		塑料管复合管	每米	1.5	
			全长25m以上	≤25	
2	立管垂直度	钢管	每米	3	吊线和尺量检查
			5m以上	≤8	
		塑料管复合管	每米	2	
			5m以上	≤8	
3	成排管段和成排阀门		在同一平面间距	3	尺量检查

（4）热水供应系统管道应保温（浴室明装管道除外），保温材料、厚度、保护壳应符合设计规定。保温层厚度和平整度的允许偏差应符合表4-4的规定。

管道及设备保温的允许偏差和检验方法　　　　　　表4-4

项次	项　　目		允许偏差（mm）	检　验　方　法
1	厚度		$+0.1\delta$ -0.05δ	用钢针刺入
2	表面平整度	卷材	5	用2m靠尺和楔形塞尺检查
		涂料	10	

注：δ为保温层厚度。

思　考　题

1. 建筑热水系统常用的管材和附件有哪些？
2. 简述建筑热水系统的布置要求。
3. 简述建筑热水管道系统安装技术要求及安装过程。
4. 如何进行热水管道系统防腐？防腐材料有哪些？
5. 如何进行热水管道系统的保温？其保温方法有哪几种？
6. 热水系统冲洗的技术要求是什么？
7. 简述建筑热水系统安装验收规范。

单元 5　建筑排水系统的安装

知 识 点：(1) 建筑排水系统常用的管材、配件和附件；(2) 建筑排水系统的布置与敷设；(3) 建筑排水管道系统及附件的安装；(4) 建筑排水系统安装时应注意的质量问题和施工与验收规范。

教学目标：掌握建筑排水系统管道及卫生器具的安装要求和安装方法。

课题 1　建筑排水系统常用的管材、管件和附件

1.1　建筑内部排水管道常用的管材、管件

建筑内部常用排水管材分为金属管材和非金属管材。金属管材多为铸铁管和钢管，非金属管材多采用混凝土管、钢筋混凝土管和塑料管。

1.1.1　排水铸铁管

排水铸铁管是建筑内部排水系统目前常用的管材，常见的为承插式直管，管径在50～200mm 之间。图 5-1 为排水铸铁承插式直管，规格见表 5-1、表 5-2。其管件有弯管、管箍、弯头、三通、四通、变径管、存水弯、检查口等，如图 5-2 所示。

排水铸铁管承插口尺寸（A 型）单位：mm　　　　　表 5-1

公称直径 DN	管厚 T	内径 D_1	外径 D_2	承 口 尺 寸												插口尺寸			
				D_3	D_4	D_5	A	B	C	P	R	R_1	R_2	a	b	D_6	X	R_4	R_5
50	4.5	50	59	73	84	98	10	48	10	65	6	15	8	4	10	66	10	15	5
75	5	75	85	100	111	126	10	53	10	70	6	15	8	4	10	92	10	15	5
100	5	100	110	127	139	154	11	57	10	75	7	16	8.5	4	12	117	15	15	5
125	5.5	125	136	154	166	182	11	62	11	80	7	16	9	4	12	143	15	15	5
150	5.5	150	161	181	193	210	12	66	12	85	7	18	9.5	4	12	168	15	15	5
200	6	200	212	232	246	264	12	76	13	95	7	18	10	4	12	219	15	15	5

排水铸铁管承插口尺寸（B 型）单位：mm　　　　　表 5-2

公称直径 DN	管厚 T	内径 D_1	外径 D_2	承 口 尺 寸												插口尺寸			
				D_3	D_5	E	P	R	R_1	R_2	R_3	A	a	b		D_6	X	R_4	R_5
50	4.5	50	59	73	98	18	65	6	15	12.5	25	10	4	10		66	10	15	5
75	5	75	85	100	126	18	70	6	15	12.5	25	10	4	10		92	10	15	5
100	5	100	110	127	154	20	75	7	16	14	25	11	4	12		117	15	15	5
125	5.5	125	136	154	182	20	80	7	16	14	25	11	4	12		143	15	15	5
150	5.5	150	161	181	210	20	85	7	18	14.5	25	12	4	12		168	15	15	5
200	6	200	212	232	264	25	95	7	18	15	25	12	4	12		219	15	15	5

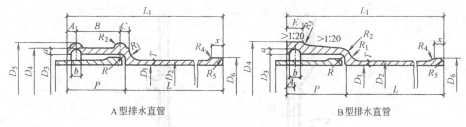

A型排水直管　　　　　　　　　　　　B型排水直管

图 5-1　排水铸铁承插直管

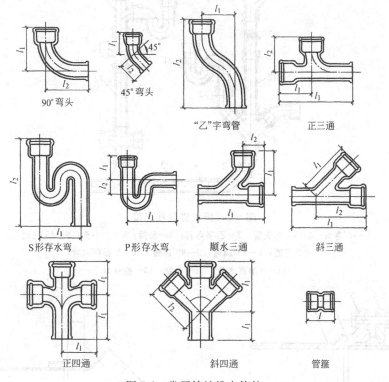

90°弯头　　　45°弯头　　　"乙"字弯管　　　正三通

S形存水弯　　　P形存水弯　　　顺水三通　　　斜三通

正四通　　　　斜四通　　　　管箍

图 5-2　常用铸铁排水管件

　　排水铸铁管与管件的连接如图 5-3 所示。其接口有青铅接口、石棉水泥接口、水泥砂浆接口等，这些接口属于刚性接口，适用于多层建筑无内压作用的重力流排水管道。

　　对于高层和超高层建筑，为了适应各种因素引起的变形，特别是有抗震设防要求的地区，排水铸铁管道应设置柔性接口。如高耸构筑物和建筑高度超过 100m 的建筑物内，排水立管应设柔性接口；排水立管高度在 50m 以上，或在抗震设防 8 度地区的高层建筑，应在立管上每隔两层设置柔性接口；在抗震设防的 9 度地区，立管和横管均应设置柔性接口。

　　排水铸铁管柔性接口较广泛使用的有承插压盖式和卡箍式柔性接口，如图 5-4、图 5-5 所示。

　　排水铸铁管具有耐腐蚀性强、耐热、耐冷、防火隔声好等优点，但缺点是重量大、质脆。

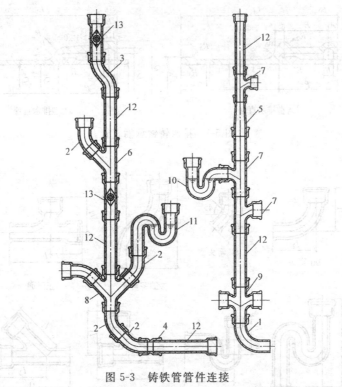

图 5-3 铸铁管管件连接

1—90°弯头；2—45°弯头管；3—乙字弯管；4—套筒；5—大小头；6—45°三通；
7—90°三通；8—45°四通；9—90°四通；10—P形存水弯；
11—S形存水弯；12—直管；13—检查口

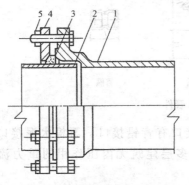

图 5-4　承插压盖式接口安装

1—承口；2—插口；3—橡胶密封圈；
4—法兰压盖；5—螺栓螺母

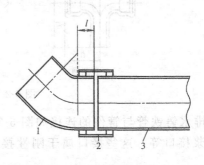

图 5-5　卡箍式连接安装

1—管件；2—不锈钢卡箍；3—直管

1.1.2　钢管

当排水管管径小于 50mm 时，宜采用钢管，主要用于洗脸盆、小便器、浴盆等卫生器具与排水横支管间的连接短管，管径一般为 32mm、40mm、50mm。工厂车间内振动较大的地点也可采用钢管代替铸铁管，但应注意分清其排出的工业废水是否对金属管道有腐蚀性。

1.1.3　排水塑料管

目前在建筑内部使用的排水塑料管是硬聚氯乙烯塑料管（PVC-U 管）。它具有重量轻、外表美观、内壁光滑、水流阻力小、不易堵塞、耐腐蚀、不结垢、便于安装和节省投资等优点，缺点是强度低、耐温差（使用温度为－5～＋45℃之间）、线性膨胀大、易老化、有噪声、防火性能差等。排水塑料管通常标注公称直径 De，其规格见表 5-3。

排水硬聚氯乙烯塑料管规格

表 5-3

公称直径（mm）	40	50	75	100	150
外 径（mm）	40	50	75	110	160
壁 厚（mm）	2.0	2.0	2.3	3.2	4.0
参考重量（g/m）	341	431	751	1535	2803

排水塑料管的连接形式以粘接结为主。管件齐全，应用非常方便，如图 5-6 所示。

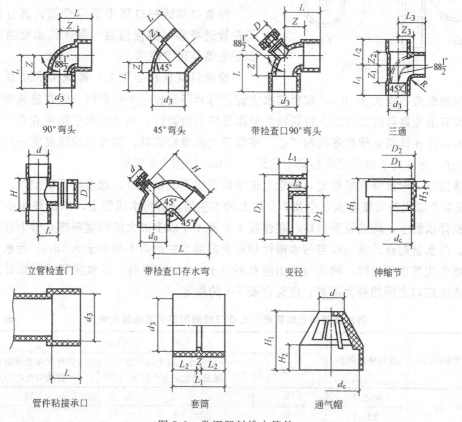

图 5-6　常用塑料排水管件

1.1.4　混凝土及钢筋混凝土管

混凝土管及钢筋混凝土管多用于室外排水管道及车间内部地下排水管道，一般直径在 400mm 以下者为混凝土管，400mm 以上者为钢筋混凝土管，长度在 1m 左右，规格尺寸各地不一。其最大优点是节约金属管材；缺点是内表面不光滑，抗压强度也差。

1.2　排　水　附　件

1.2.1　存水弯

存水弯的作用是在其内形成一定高度的水封，阻止排水系统中的有毒有害气体或虫类进入室内，保证室内的环境卫生。存水弯中一定高度的水柱称为水封高度，通常为50～100mm。

凡构造内无存水弯的卫生器具与生活污水管道或其他可能产生有害气体的排水管道连接时，必须在排水口以下设存水弯；医疗卫生机构内门诊、病房、化验室、试验室等不在同一房间内的卫生器具不得共用存水弯。

存水弯的类型主要有S形和P形两种，如图5-7所示。S形存水弯常用在排水支管与排水横管垂直连接部位，P形存水弯常用在排水支管与排水横管和排水立管不在同一平面位置而需连接的部位。

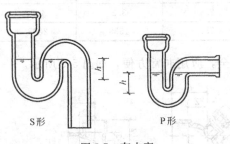

图5-7 存水弯

1.2.2 检查口和清扫口

检查口和清扫口属于清通设备，其目的是为了在管道堵塞时方便清通，保证排水管道的通畅和卫生器具正常使用。

检查口设置在立管上，铸铁排水立管上检查口之间的距离不宜大于10m，塑料排水立管宜每六层设置一个检查口。但在建筑物的最低层和设有卫生器具的二层以上建筑物的最高层应设检查口，当立管水平拐弯或有"乙"字弯管时，应在该层立管拐弯处和"乙"字弯管上部设检查口。检查口设置高度一般距地面1m为宜，并应高于该层卫生器具上边缘0.15m，如图5-3所示。

清扫口一般设置在横管上，横管上连接的卫生器具较多时，起点应设清扫口。在连接2个及2个以上的大便器或3个及3个以上的卫生器具的污水横管上、水流转角小于135°的铸铁排水管上，均应设清扫口。在连接4个及4个以上的大便器塑料排水管上宜设置清扫口。污水管起点的清扫口与污水横管相垂直的墙面的距离不得小于0.15m。污水管起点设置堵头代替清扫口时，堵头与墙面应有不小于0.4m的距离。污水横管的直线管段上检查口或清扫口之间的最大距离，应符合表5-4的规定。

污水横管的直线管段上检查口或清扫口之间的最大距离　　　　　　　　表5-4

管道直径(mm)	清扫设备种类	距　　离(m)		
		生产废水	生活污水及与生活污水成分接近的生产污水	含有大量悬浮物和沉淀物的生产污水
50～75	检查口	15	12	12
	清扫口	10	8	6
100～150	检查口	20	15	12
	清扫口	15	10	3
200	检查口	25	20	15

排出管与室外排水管道连接处，应设检查井。检查井中心至建筑物外墙的距离不宜小于3.0m。从污水立管或排出管上的清扫口至室外检查井中心的最大长度，见表5-5的规定。

污水立管或排出管上的清扫口至室外检查井中心的最大长度　　　　　　表5-5

管径(mm)	50	75	100	100以上
最大长度(m)	10	12	15	20

124

1.2.3 地漏

为了排除室内地面积水，需设置地漏。地漏应设置在易溅水的卫生器具附近的最低处，其地漏箅子应低于地面 5～10mm，带水封的地漏，其水封高度不得小于 50mm，直通式地漏下必须设置存水弯。地漏的类型除了普通型外，近年来还开发出了许多新型地漏，如多通道地漏、防回流地漏等，如图5-8所示。

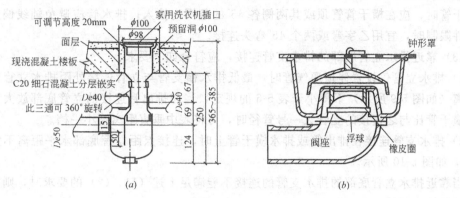

图 5-8 地漏

(a) 多通道地漏；(b) 防回流地漏

课题 2 建筑排水管道的布置与敷设

2.1 排水管道的布置原则

排水管道的布置应满足最佳水力条件，便于维护管理，保护管道不易损坏，保证生产和使用安全以及经济美观的要求。

为满足上述要求，管道布置应注意以下几点：

(1) 排水立管应靠近排水量最大和杂质最多的排水点，管道转弯应最少；

(2) 排出管应以最短距离通至室外；

(3) 排水管道不得布置在遇水引起燃烧、爆炸或损坏的原料、产品和设备的上面；

(4) 排水架空管道不得布置在生产工艺或卫生有特殊要求的生产厂房内，以及食品和贵重商品仓库、通风小室和变配电间内；

(5) 排水横管不得布置在食堂、饮食业的主副食操作烹调和跃层住宅厨房间内的上方；

(6) 生活污水立管不得穿越卧室、病房等对卫生、安静要求较高的房间，并不宜靠近与卧室相邻的内墙；

(7) 排水管道不得穿过沉降缝、伸缩缝、烟道和风道，当受条件限制必须穿过时，应采取相应的技术措施；

(8) 塑料排水立管应避免布置在易受机械撞击处和热源附近，如不能避免，应采取技术措施。塑料排水立管与家用灶具边净距不得小于0.4m。

2.2 排水管道的敷设

(1) 排水管道一般应采用地下埋设或在地面上楼板下明设，如建筑或工艺有特殊要求时，可在管槽、管道井、管沟或吊顶内暗设，排水立管与墙、柱应有 25～35mm 的净距，便于安装和检修。

（2）排水管道连接时，应充分考虑水力条件，符合规定。卫生器具排水管与排水横管垂直连接时，应采用 90°斜三通；横管与横管、横管与立管连接，宜用 45°三通或 45°四通和 90°斜三通或 90°斜四通或直角顺水三通和直角顺水四通；横支管接入横干管、立管接入横干管时，应在横干管管顶或其两侧各 45°的范围内接入；排水管应避免轴线偏置，当受条件限制时，宜用乙字弯或两个 45°弯头连接。

（3）靠近排水立管底部的排水支管连接，应符合如下要求：

1）排水立管仅设置伸顶通气管时，最低排水横支管与立管连接处距排水立管管底垂直距离（如图 5-9 所示）不得小于表 5-6 的规定，当与排出管连接的立管底部放大一号管径或横干管比与之连接的立管大一号管径时，可将表中垂直距离缩小一档。

2）排水支管连接在排出管或排水横干管上时，连接点距立管底部水平距离不宜小于 3.0m，如图 5-10 所示。

当靠近排水立管底部的排水支管的连接不能满足上述（1）、（2）的要求时，则排水支管应单独排出室外。

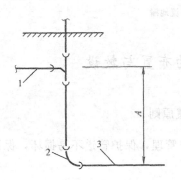

图 5-9　最低横支管与排水立管底部的距离
1—最低横支管；2—立管底部；3—出水管

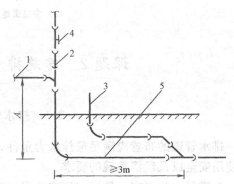

图 5-10　排水支管与排出管或横干管的连接
1—排水横支管；2—排水立管；3—排水立管支管；
4—检查口；5—排水横干管（或排出管）

最低横支管与立管连接处至立管底部的垂直距离　　　　　　　　　　表 5-6

立管连接卫生器具的层数（层）	垂直距离（m）	立管连接卫生器具的层数（层）	垂直距离（m）
≤4	0.45	13～19	3.0
5～6	0.75	≥20	6.0
7～12	1.2		

课题 3　建筑排水管道的安装

建筑排水管道安装的工艺流程为：
安装准备→管道预制→排水管道的安装→灌水试验。

3.1　安装前的准备工作

（1）排水管道安装应按照设计图纸进行施工，施工前应熟悉图纸，领会设计意图，了解管线的布置及安装位置。排水管道安装应密切配合土建同时施工，在土建砌筑基础、浇筑楼板时，应根据设计图纸配合预埋各种管道和预埋件或预留孔洞。

（2）安装前首先检查管材、管件的质量是否符合要求，对部分管材与管件可先按绘制的草图捻好灰口，并进行编号、养护。复核预留孔洞的位置和尺寸是否正确，若设计无要求时，排水立管穿过楼板时预留孔洞的大小应符合表5-7的规定。

排水立管穿过楼板时预留孔洞的尺寸　　表5-7

管径(mm)	50	75～100	125～150	200	300
孔洞尺寸(mm×mm)	150×150	200×200	250×250	300×300	400×400

3.2　建筑排水管道安装

建筑排水管道的安装顺序是：排出管安装→立管安装→排水横管安装→排水支管安装→器具排水支管安装。

3.2.1　排水铸铁管安装

（1）排出管安装

排出管的室外部分应埋设在冰冻线以下，且低于明沟的基础，接入窨井时不能低于窨井的流水槽。为了防止管道受机械损坏，排出管的最小埋深为：混凝土、沥青混凝土地面下埋深不小于0.4m，其他地面下的埋深不小于0.7m。

排水立管与排出管端部的连接，宜采用两个45°弯头或弯曲半径不小于4倍管径的90°弯头（如图5-3所示）；排出管穿过承重墙或基础时，应预留孔洞。且管顶上部净空不得小于建筑物的沉降量，一般不宜小于0.1m。

排出管接出室外的部分管道，根据现场量测尺寸下料，预制成整体管道，待接口强度达到要求后，一次性穿入基础预留孔洞安装，以确保安装的严密性。

排出管穿过地下室外墙或地下构筑物的墙壁处，为达防水的目的可采用刚性防水套管，其构造如图5-11所示。

（2）排水立管安装

1）立管安装前要确定安装位置。立管的安装位置要考虑到横支管离墙的距离和不影响卫生器具的使用。定出安装距离后，在墙上做出记号，用粉囊在墙上弹出该点的垂直线即是该立管的位置。

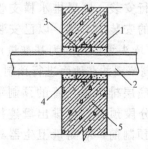

图5-11　管道穿越地下室外墙

1—预埋件刚性套管；2—UPVC排出管；3—防水胶泥；

4—水泥砂浆；5—混凝土外墙

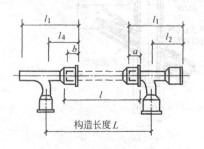

图5-12　铸铁管下料尺寸

2) 管道的下料与预制。排水立管可根据楼层高度整段预制、安装。预制之前，应对管道进行下料。下料应量测预制管段的长度，即构造长度 L，再考虑管件的尺寸 l_1、l_2 和管道插入承口的深度 b，如图 5-12 所示，其下料长度 l 的计算公式为：

$$l = L - (l_1 - l_2) - l_4 + b$$

按计算的长度在地面进行管道下料和预制，预制时注意管道配件的方向，如排水立管靠近墙角时，检查口的方向朝外与横管管口呈 45°角。各楼层管段打口连接后应编号存放，待接口强度达到要求后即可从下到上逐层安装。

3) 安装立管时，应两人配合进行，一个由上层楼板预留洞内用绳子往上拉，一个在下层往上托，将立管下部插入下层管承口内，在上层楼板洞内用木楔子配合找直找正，临时固定好。经检查无误后再捻口，依次往上装出屋顶。每层立管安装后，均应立即以管卡固定。堵洞时要隔层堵，先堵奇数楼层，再堵偶数层。操作时，先拆除木楔板、浇水，用不低于楼板混凝土强度等级的混凝土灌入并捣实堵严，下部应与楼板表面持平。

4) 高层建筑中或管道井内的立管按设计要求用型钢做固定支架。考虑管道的热胀冷缩，应采用柔性接口，在承口处留出胀缩量。

(3) 通气管的安装

通气管的安装方法与排水立管相同。只是通气管穿出屋面时，应与屋面工程配合进行。首先安装好通气管，然后将管道和屋面的接触处进行防水处理，如图 5-13 所示。

伸出屋顶的通气管高出屋面不得小于 0.3m，且应大于最大积雪厚度，通气管顶端应装设风帽或网罩；在通气管口周围 4m 以内有门窗时，通气管口应高出窗顶 0.6m 或引向无门窗一侧；在经常有人停留的平屋面上，通气管应高出屋面 2m 并应根据防雷要求考虑防雷装置。

(4) 排水横支管与器具排水管安装

底层排水横支管一般埋入地下，各楼层的排水横支管安装在楼板下。

横支管的安装同排水立管安装一样，先进行管道的预制后进行安装。底层排水横支管预制以所连接卫生器具的安装中心线，以已安装好的排出管斜三通及 45°弯头承口内侧为基准量尺，确定各管段长度后绘制草图并在地面进行预制。图5-14所示为一建筑物底层排水横支管的预制草图。若横管过长时，可分段预制后与排出管连接。各楼层的排水横支管预制前，应测量卫生器具及其附件的实际距离，定出各三通和弯头等的尺寸距离，绘制草图进行预制。

安装横支管首先弹画出横管中心线，在楼板

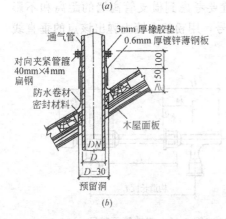

图 5-13　通气管伸出屋面安装示意图
(a) 通气管穿钢筋混凝土屋面；
(b) 通气管穿越瓦屋面

128

内安装托架或吊架并按横管的长度和规范要求的坡度调整好吊架的高度。吊装时，用绳子将管段按排列顺序从两侧水平吊起，放在吊架卡圈上临时卡稳，调整横管上三通口方向或弯头的方向及管道坡度，调好后方可收紧吊卡。然后进行接口连接，并随时将管口堵好，以免落入异物堵塞管道。

生活污水铸铁管道的坡度必须符合设计要求，设计中未注明的应符合表5-8的规定。

器具排水管应实测下料长度。其中坐式

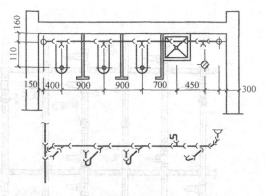

图 5-14　底层排水横支管的预制示意图

大便器排水管应用不带承口的短管接至与地面相平处；蹲式大便器排水管应用承口短管；洗脸盆、洗涤盆、化验盆等的器具排水管应用承口短管，短管中心至后墙的距离见卫生器具安装图。

生活污水铸铁管道的坡度（‰）　　　　　　　　　　表5-8

管径(mm)	50	75	100	125	150	200
标准坡度	35	25	20	15	10	8
最小坡度	25	15	12	10	7	5

横支管与器具排水管安装好后，应封闭管道与预留孔洞的间隙，并且保证所有预留洞封闭堵严。

3.2.2　塑料排水管的安装

硬聚氯乙烯塑料排水管（PVC-U）的安装方法基本同排水铸铁管，由于塑料排水管材的特殊性，安装时有以下几个特点。

（1）生活污水塑料管道的坡度必须符合设计要求，设计中未注明的，应符合表5-9的规定。

生活污水塑料管道的坡度（‰）　　　　　　　　　　表5-9

管径(mm)	50	75	110	125	160
标准坡度	25	15	12	10	7
最小坡度	12	8	6	5	4

（2）伸缩管的安装

因塑料管的线膨胀系数较大，为防止管道因温差产生的应力使管道产生变形或接头开裂漏水，在塑料排水管道上必须安装伸缩节。

排水立管和排水横支管上伸缩节的设置和安装应符合下列规定，如图5-15所示。排水横干管上设置和安装伸缩节见给水排水标准图集合订本 S_3（上）。

1）当层高小于或等于4m时，污水立管和通气立管应每层设一伸缩节，当层高大于4m时，应根据管道设计伸缩量和伸缩节最大允许伸缩量计算确定。伸缩节最大允许伸缩量见表5-10。

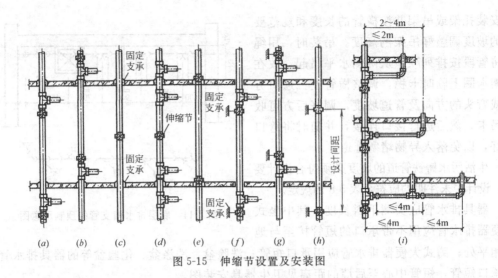

图 5-15 伸缩节设置及安装图

伸缩节最大允许伸缩量（mm）　　　　表 5-10

管径(mm)	50	70	90	110	125	160
最大允许伸缩量	12	15	20	20	20	25

2）伸缩节设置应靠近水流汇合管件并可按下列情况确定：排水支管在楼板下方接入时，伸缩节设置于水流汇合管件之下（如图 5-15a、f 所示）；排水支管在楼板上方接入时，伸缩节设置于水流汇合管件之上（如图 5-15b、g 所示）；立管上无排水支管接入时，伸缩节按设计间距置于楼层任何部位（如图 5-15c、e、h 所示）；排水支管同时在楼板上、下方接入时，宜将伸缩节置于当层中间部位（如图 5-15d 所示）。

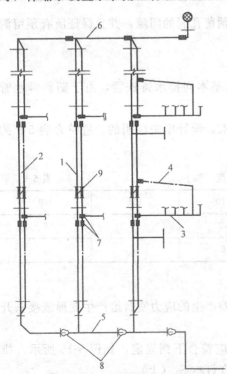

图 5-16 排水管、通气管设置伸缩节位置
1—污水立管；2—专用通气立管；3—横支管；
4—环形通气管；5—污水横干管；6—汇合通气管；
7—伸缩节；8—弹性密封圈伸缩节；9—H 管管件

3）污水横支管、器具通气管、环形通气管和汇合通气管上合流管件至立管的直线管段超过 2m 时，应设伸缩节，伸缩节之间最大距离不得超过 4m。横管上设置伸缩节应当置于水流汇合管件上游端（如图 5-15i、图 5-16 所示）。

4）立管在穿越楼层处为固定支承时，伸缩节不得固定；伸缩节处设固定支承时，立管穿越楼层处不得固定。

5）Ⅱ型伸缩节安装完毕，应将限位块拆除。

6）伸缩节插口应顺水流方向。

（3）管道支承件

水平横管和立管都应每隔适当距离设置支承件。支承件有钩钉、管卡、吊环及托架等，较小管径多用管卡和钩钉，大管径用吊环和托架。吊环一般吊于梁板下，托架常固定在墙或柱上，如图 5-17 所示。所使用的吊卡要与管径相配套，支承件的间距：立管外径为 50mm 时不应大于 1.5m；外径为 75mm 及以上时应不大于 2.0m。横管应不大于表 5-11 的规定。

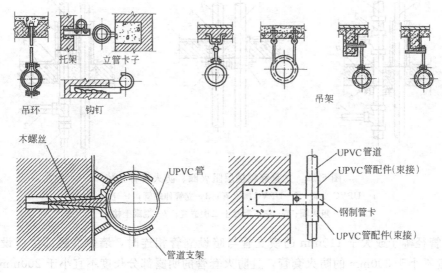

托架　立管卡子

吊环　钩钉

吊架

木螺丝

UPVC管

UPVC管道

UPVC管配件（束接）

钢制管卡

UPVC管配件（束接）

管道支架

图 5-17　塑料管道的支、托、吊架

排水塑料管道支吊架最大间距 （m）　　　　　　　　表 5-11

管径(mm)	50	75	110	125	160
立　管	1.2	1.5	2.0	2.0	2.0
横　管	0.5	0.75	1.10	1.3	1.6

（4）管道的连接

塑料管道与管件之间采用粘接连接。粘合前将承插口表面用棉纱等物擦拭干净，如表面沾有油污时，应用丙酮或汽油等清洁剂擦拭干净，否则会影响粘结强度和密封性能。在管材底部画出插入承口内深度的标记，为了确保有足够的粘接面，管子端部必须插到标记处。涂刷胶粘剂时，应先涂承口后涂插口，插口应涂刷到承口标记处，涂刷要迅速、均匀、不可漏刷。承口涂刷胶粘剂后，要立即插入承口底部，再将管子稍加左右转动、找正方向即可。将挤出承口的胶粘剂擦净。管道粘接后需静置的时间与环境温度有关，当环境温度为 15～40℃时，静置时间约 30min；5～15℃时，静置时间约 1h；−5～5℃时，静置时间约 2h；−20～−5℃时，静置时间约 4h。

塑料管与铸铁管连接时，必须将塑料管插入铸铁管件承口内的那一段的外壁用砂布打毛，其间隙用麻丝填塞，以石棉水泥捻口封闭，如图 5-18 所示。

（5）设置阻火装置

为了防止火灾蔓延，高层建筑内明敷管道，当设计要求采取防止火灾贯穿措施时，应符合下列规定：

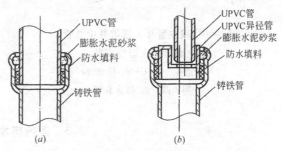

UPVC管

膨胀水泥砂浆

防水填料

铸铁管

UPVC管
UPVC异径管
膨胀水泥砂浆
防水填料

铸铁管

（a）　　　　　　（b）

图 5-18　塑料排水管与排水铸铁管连接图
（a）同径管连接；（b）异径管的连接

1）立管管径大于或等于110mm时，在楼板穿越部位应设置阻火圈或长度不小于500mm的防火套管，且应在防火套管周围筑阻火圈（如图5-19所示）。

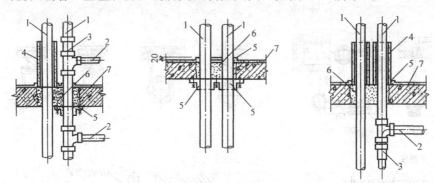

图5-19　立管穿越楼层阻火圈、防火套管安装

1—UPVC立管；2—UPVC横支管；3—立管伸缩管；4—防火套管；

5—阻火圈；6—细石混凝土二次嵌缝；7—混凝土楼板

2）管径等于或大于110mm的横支管与暗设立管相连时，墙体穿越部位应设置阻火圈或长度不小于300mm的防火套管，且防火套管的明露部分长度不宜小于200mm（如图5-20所示）。

3）横干管穿越防火分区隔墙时，管道穿越墙体的两侧应设置防火圈或长度不小于500mm的防火套管（如图5-21所示）。

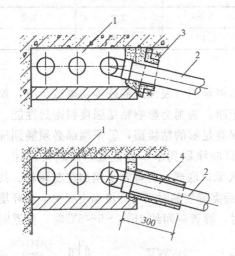

图5-20　横支管接入管道井中立管

阻火圈、防火套管安装

1—管道井；2—UPVC横支管；

3—阻火圈；4—防火套管

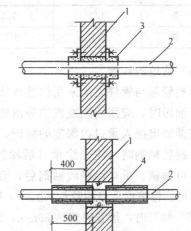

图5-21　管道穿越防火分区隔墙

阻火圈、防火套管

1—墙体；2—UPVC横支管；

3—阻火圈；4—防火套管

3.3　室内排水管道试验

3.3.1　灌水试验

对于暗装或埋地的排水管道，在隐蔽以前必须做灌水试验。明装管道在安装完后必须

做灌水试验。

埋地排水管道灌水试验具体做法是将管道底部的排出口用橡皮塞堵塞后灌水，灌水高度应不低于底层地面高度，满水 15min 水面下降后，再灌满观察 5min，液面不下降、管道及接口无渗漏为合格。

楼层管道应以一层楼的高度为标准进行灌水试验，但灌水高度不能超过 8m，接口不渗漏为合格。试验时先将胶管、胶囊等按图 5-22 所示连接，将胶囊由上层检查口慢慢送入至所测长度，然后向胶囊充气并观察压力表上升至 0.07MPa 为止，最高不超过 0.12MPa。由检查口向管中注水，直至各卫生设备的水位符合规定要求的水位为止。对排水管及卫生设备各部分进行外观检查，发现有渗漏处应作出记号。满水 15min 水面下降后，再灌满观察 5min，液面不下降、管道及接口无渗漏为合格。检验合格后即可放水，胶囊泄气后水会很快排出，若发现水位下降缓慢时，说明该管内有垃圾、杂物，应及时清理干净。

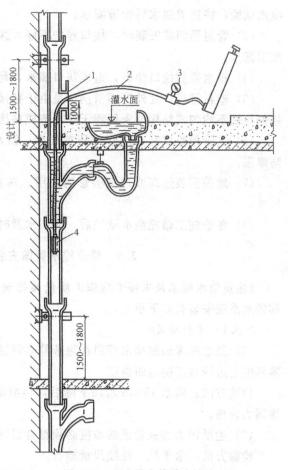

图 5-22　室内排水管灌水试验
1—检查口；2—胶管；3—压力表；4—胶囊

3.3.2　通球试验

为了保证工程质量，排水立管及水平干管管道均应做通球试验。通球一般用胶球，球径根据排水管直径按表 5-12 确定。通球一般先通水，按程序从上到下进行，通水以不堵为合格。通球时胶球从排水立管或水平干管顶端放入，并注入一定量的水，使胶球从底部随水顺利流出为合格。

通球试验球的球径（mm）　　　　　　　　　　　　　　　　　　　　　　表 5-12

排水管直径	150	100	75
胶球球径	100	70	50

根据《建筑给水排水及采暖工程施工质量验收规范》规定，通球率必须达到 100%。

3.4　建筑排水管道安装时应注意的质量问题

（1）管道接口时要将接口和管内的泥土及污物清理干净，甩口应封好堵严。卫生器具的排水口在未通水前应堵好，存水弯排水丝堵可以以后安装。安装排水横管、水平干管及排出管应满足或大于最小坡度要求。

（2）管道安装前未认真检查管材、管件是否有裂纹、砂眼等缺陷，施工完毕又未进行灌水试验，将造成通水后管道漏水。

（3）管道预制或安装时，接口养护不好，强度不够而又过早受到振动，使接口产生裂纹而漏水。

（4）排水管的插口倾斜，造成灰口漏水，是因为预留口方向不准，灰口缝隙不均匀。

（5）塑料管接口处外观不清洁，是由于粘接后外溢的粘接剂未及时擦净。管道接口粘接剂涂刷不均匀或粘接处未处理干净而造成粘接口漏水。

（6）立管检查口和有门管件压盖处渗、漏水。压盖必须加 3～5mm 厚的橡胶板，以防渗漏。

（7）地漏安装过高或过低会影响使用。在安装地漏时要根据水平线找准地坪、量准尺寸。

（8）冬季施工做完灌水试验后，应将水及时放净，以防冻裂管道造成漏水。

3.5　建筑排水管道安装的质量验收规范

《建筑给水排水及采暖工程施工质量验收规范》（GB 50242—2002）中，有关建筑内部排水系统安装有如下规定。

3.5.1　主控项目

（1）隐蔽或埋地的排水管道在隐蔽前必须做灌水试验，其灌水高度应不低于底层卫生器具的上边缘或底层地面高度。

检验方法：满水 15min 水面下降后，再灌满观察 5min，液面不下降，管道及接口无渗漏为合格。

（2）生活污水铸铁管道的坡度必须符合设计或表 5-8 的规定。

检验方法：水平尺、拉线尺量检查。

（3）生活污水塑料管道的坡度必须符合设计或表 5-9 的规定。

检验方法：水平尺、拉线尺量检查。

（4）排水塑料管必须按设计要求及位置装设伸缩节。如设计无要求时，伸缩节间距不得大于 4m。

高层建筑中明设排水塑料管道应按设计要求设置阻火圈或防火套管。

检验方法：观察检查。

（5）排水主立管及水平干管管道均应做通球试验，通球球径不小于排水管道管径的 2/3，通球率必须达到 100%。

检查方法：通球检查。

3.5.2　一般项目

（1）在生活污水管道上设置的检查口或清扫口，当设计无要求时应符合下列规定：

1）在立管上应每隔一层设置一个检查口，但在最底层和有卫生器具的最高层必须设置。如为两层建筑时，可仅在底层设置立管检查口；如有"乙"字弯管时，则在该层"乙"字弯管的上部设置检查口。检查口中心高度距操作地面一般为 1m，允许偏差±20mm；检查口的朝向应便于检修。暗装立管，在检查口处应安装检修门。

2）在连接 2 个及 2 个以上大便器或 3 个及 3 个以上卫生器具的污水横管上应设置清扫口。当污水管在楼板下悬吊敷设时，可将清扫口设在上一层楼地面上，污水管起点的清扫口与管道相垂直的墙面距离不得小于 200mm；若污水管起点设置堵头代替清扫口时，与墙面距离不得小于 400mm。

3）在转角小于 135°的污水横管上，应设置检查口或清扫口。

4）污水横管的直线管段，应按设计要求的距离设置检查口或清扫口。

检验方法：观察和尺量检查。

(2) 埋在地下或地板下的排水管道的检查口，应设在检查井内。井底表面标高与检查口的法兰相平，井底表面应有 5%的坡度，坡向检查口。

检验方法：尺量检查。

(3) 金属排水管道上的吊钩或卡箍应固定在承重结构上。固定件间距：横管不大于 2m；立管不大于 3m。楼层高度小于或等于 4m，立管可安装一个固定件。立管底部的弯管处应设支墩或采取固定措施。

检验方法：观察和尺量检查。

(4) 排水塑料管道支、吊架间距应符合表 5-11 的规定。

检验方法：观察和尺量检查。

(5) 排水通气管不得与风道或烟道连接，且应符合下列规定：

1）通气管应高出屋面 300mm，但必须大于最大积雪厚度。

2）在通气管出口 4m 以内有门、窗时，通气管应高出门、窗顶 600 mm 或引向无门、窗一侧。

3）在经常有人停留的平屋顶上，通气管应高出屋面 2m，并应根据防雷要求设置防雷装置。

4）屋顶有隔热层应从隔热层板面算起。

检验方法：观察和尺量检查。

(6) 安装未经消毒处理的医院含菌污水管道，不得与其他排水管道直接连接。

检验方法：观察检查。

(7) 饮食业工艺设备引出的排水管及饮用水水箱的溢流管，不得与污水管道直接连接，应留出不小于 100mm 的隔断空间。

检验方法：观察和尺量检查。

(8) 通向室外的排水管，穿过墙壁或基础必须下返时，应采用 45°三通和 45°弯头连接，并应在垂直管段顶部设置清扫口。

检验方法：观察和尺量检查。

(9) 由室内通向室外排水检查井的排水管，井内引入管应高于排出管或两管顶相平，并有不小于 90°的水流转角，如跌水落差大于 300mm 可不受角度限制。

检验方法：观察和尺量检查。

(10) 用于室内排水的水平管道与水平管道、水平管道与立管的连接，应采用 45°三通或 45°四通和 90°斜三通或 90°斜四通。

立管与排出管端部的连接，应采用两个 45°弯头或曲率半径不小于 4 倍管径的 90°弯头。

检验方法：观察和尺量检查。

(11) 室内排水管道安装的允许偏差应符合表 5-13 的相关规定。

项次	项目			允许偏差(mm)	检验方法
1	坐标			15	
2	标高			±15	
3	横管纵横方向弯曲	铸铁管	每1m	≤1	用水准仪(水平尺)、直尺、拉线和尺量检查
			全长(25m以上)	≤25	
		钢管	每1m 管径等于或小于100mm	1	
			每1m 管径大于100mm	1.5	
			全长(25m以上) 管径等于或小于100mm	≤25	
			全长(25m以上) 管径大于100mm	≤38	
		塑料管	每1m	1.5	
			全长(25m以上)	≤38	
		钢筋混凝土管、混凝土管	每1m	3	
			全长(25m以上)	≤75	
4	立管垂直度	铸铁管	每1m	3	吊线和尺量检查
			全长(25m以上)	≤15	
		钢管	每1m	3	
			全长(25m以上)	≤10	
		塑料管	每1m	3	
			全长(25m以上)	≤15	

课题4 建筑雨水管道的安装

4.1 建筑雨水排水系统组成

降落在屋面的雨水和冰雪融化水，尤其是暴雨，在短时间会形成积水，为了不造成屋面漏水和四处溢流，需要对屋面积水进行有组织地排放。排放的方式主要有外排水和内排水两种系统。

4.1.1 建筑雨水外排水系统

建筑雨水外排水系统根据屋面有无天沟，分为檐沟外排水和天沟外排水两种形式。

（1）檐沟外排水

檐沟外排水系统由檐沟、雨水斗和水落管组成，如图5-23所示。降落到屋面的雨水沿屋面流到檐沟，然后经雨水斗流入沿外墙设置的水落管排至地面或雨水口。适用于普通住宅、一般公共建筑和小型单跨厂房。

（2）天沟外排水

天沟外排水系统由天沟、雨水斗和排水立管组成，如图5-24所示。降落到屋面的雨水沿坡向天沟的屋面汇集到

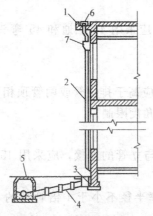

图5-23 檐沟外排水
1—檐沟；2—水落管；3—雨水口；
4—连接管；5—检查井；
6—雨水斗；7—承雨斗

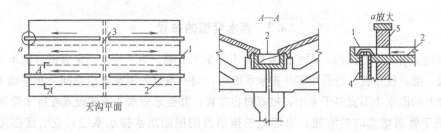

图 5-24　天沟外排水

1—雨水斗；2—天沟；3—伸缩缝；4—立管；5—外墙

天沟，排至建筑物两端，经雨水斗、外立管排到地面或雨水井。天沟外排水系统适用于长度不超过 100m 的多跨工业厂房。

4.1.2　建筑雨水内排水系统

建筑雨水内排水系统是指屋面设雨水斗，建筑物内部设有雨水管道的雨水排水系统。它由雨水斗、连接管、悬吊管、立管、排出管、埋地干管和检查井组成，如图 5-25 所示。该系统适用于跨度大、较长的多跨工业厂房及屋面设天沟有困难的锯齿形屋面、壳形屋面、有天窗的厂房。

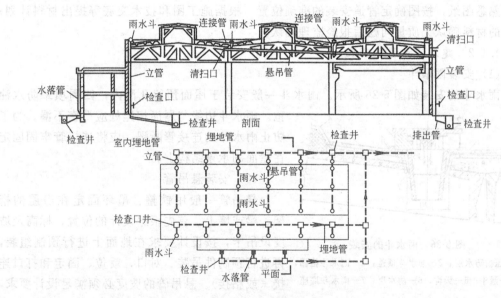

图 5-25　内排水系统

4.2　常用管材

雨水排水用管材有铸铁管、塑料管、混凝土管和钢筋混凝土管。各管材特点与配件见单元 5 中课题 1 排水管材。

为保证雨水排水系统的排水能力及排水安全，雨水排水管材选用时，应符合以下规定：重力流排水系统多层建筑宜采用建筑排水塑料管。高层建筑宜采用承压塑料管、金属管；压力流排水管宜采用内壁较光滑的带内衬的承压排水铸铁管、承压塑料管和钢塑复合管；小区雨水排水系统可选用埋地塑料管、混凝土管或钢筋混凝土管、铸铁管。

4.3 雨水管道的布置

建筑屋面各汇水范围内，雨水排水立管不宜少于2根。为了便于固定管道，雨水斗的设置位置沿墙、梁、柱布置；当采用多斗排水系统时，同一系统的雨水斗应在同一水平面上，且一根悬吊管上的雨水斗不宜多于4个，最好对称布置，并要求雨水斗不能设置在排水管顶端。

为便于管道堵塞时的清通，有埋地的排出管的屋面雨水排水系统，立管底部应设清扫口，埋地管上设雨水检查井，雨水检查井最大间距应符合表5-14的规定。

雨水检查井的最大间距 表5-14

管径(mm)	最大间距(m)	管径(mm)	最大间距(m)
150(160)	20	400(400)	40
200～300(200～315)	30	≥500(500)	50

注：括号内数据为塑料管外径。

4.4 建筑雨水管道安装

4.4.1 安装前的准备工作

熟悉图纸，按图确定管道安装的准确位置；根据施工图和技术交底等提出材料计划；进场的材料确认无质量问题后报经监理确认。

4.4.2 建筑雨水管道安装

（1）安装雨水斗

雨水斗的安装如图5-26所示。雨水斗一般安装于屋面预留孔洞内，四周填塞防水油毡。雨水斗边缘与屋面相连处应严密不漏。为了防止雨水斗的连接管断裂，应将连接管牢固固定在屋面的承重结构上。

（2）安装悬吊管

悬吊管一般用铁箍、吊环固定在房屋的桁架、梁或墙上。首先根据设计的位置、标高及坡度设吊卡，按设计要求在地面上进行预制组装，再进行预制件吊装、对口、就位、固定和打口连接（或粘接）。悬吊管的坡度必须满足设计要求，若设计无要求的，则不得小于5‰。

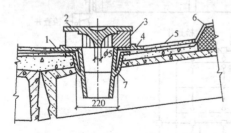

图 5-26 雨水斗的安装
1—压檐防水层；2—雨水斗顶盖；3—雨水斗格栅
4—漏斗；5—天沟；6—防水层；7—雨水斗底座

当悬吊管较长时，为便于清扫，悬吊管上应安装检查口或带法兰堵口的三通，其间距不得大于表5-15的规定。

悬吊管检查口间距 表5-15

悬吊管直径(mm)	≤150	≥200
检查口间距(m)	≤15	≤20

（3）安装雨水立管和地下雨水管道

雨水立管和地下雨水管道的安装与排水管道安装基本相同，安装时注意以下两点：雨水立管在离地面1m处须安装检查口；地下雨水管道最小坡度应符合表5-16。

管径(mm)	50	75	100	125	150	200～400
最小坡度(‰)	20	15	8	6	5	4

4.5 建筑雨水管道安装的质量验收规范

4.5.1 主控项目

(1) 安装在室内的雨水管道安装后做灌水试验，灌水高度必须到每根立管上部的雨水斗。

检验方法：灌水试验持续 1h，不渗、不漏为合格。

(2) 雨水管道如采用塑料管，其伸缩节安装应符合设计要求。

检验方法：对照图纸检查。

(3) 悬吊式雨水管道的敷设坡度不得小于 5‰；埋地雨水管道的最小坡度，应符合表 5-16 的规定。

检验方法：水平尺、拉线尺量检查。

4.5.2 一般项目

(1) 雨水管道不得与生活污水管道相连接。

检验方法：观察检查。

(2) 雨水斗管的连接应固定在屋面承重结构上。雨水斗边缘与屋面相连处应严密不漏。连接管管径设计无要求时，不得小于 100mm。

检验方法：观察和尺量检查。

(3) 悬吊式雨水管道的检查口或带法兰堵口的三通的间距不得大于表 5-15 的规定。

检验方法：拉线、尺量检查。

(4) 雨水管道安装的允许偏差见表 5-13。

(5) 雨水钢管管道焊接的焊口允许偏差应符合表 5-17 的规定。

钢管管道焊接的焊口允许偏差和检验方法 表 5-17

项次	项	目	允许偏差(mm)	检 验 方 法
1	焊口平直度	管壁厚 10mm 以内	管壁厚 1/4	
2	焊缝加强面	高度	±1	焊接检验尺和游标卡尺
		宽度		
3	咬边	深度	<0.5	直尺检查
		长度 连续长度	25	
		总长度(两侧)	<焊缝长度的 10%	

课题 5 卫生设备的安装

5.1 卫生器具的种类

卫生器具是建筑内部排水系统的重要组成部分，是用来满足日常生活中各种卫生要求、收集和排除生活及生产中产生的污、废水的设备。卫生器具按其作用可分为以下几类：

(1) 便溺用卫生器具：用来收集排除粪便污水，如大便器、小便器等；

(2) 盥洗、沐浴用卫生器具：如洗脸盆、盥洗槽、浴盆、淋浴器、净身器等；

(3) 洗涤用卫生器具：如洗涤盆、污水盆等；

(4) 其他专用卫生器具：如医疗、科学研究实验室等特殊需要的卫生器具。

5.2 卫生器具的安装

5.2.1 安装前的准备

(1) 卫生器具安装前的准备工作

卫生器具安装一般应在室内装饰工程施工之后进行。安装前首先要熟悉施工图纸和《给水排水标准图集》S3，根据安装图样确定所需的工具、材料及其数量、配件的种类等；检查卫生器具的质量与外观；熟悉现场的实际情况，确定卫生器具的安装位置，检查给水管和排水管的留口位置、留口形式是否正确，检查其他预埋件的位置、尺寸及数量是否符合卫生器具的安装要求。

(2) 卫生器具的安装要求

1) 安装的位置要正确。包括平面位置和安装高度，应符合设计的要求，当设计无要求时，应符合表 5-18 的规定。

卫生器具的安装高度 表 5-18

序号	卫生器具名称		卫生器具安装高度(mm)		备　注
			居住和公共建筑	幼儿园	
1	污水盆(池)	架空式	800	800	
		落地式	500	500	
2	洗涤盆(池)		800	800	
3	洗脸盆、洗手盆(有塞、无塞)		800	500	自地面至器具上边缘
4	盥洗槽		800	500	
5	浴盆		≤520		
6	蹲式大便器	高水箱	1800	1800	自台阶面至高水箱底
		低水箱	900	900	自台阶面至低水箱底
7	坐式大便器	高水箱	1800	1800	自地面至高水箱底
	低水箱	外露排水管式	510		自地面至低水箱底
		虹吸喷射式	470	370	
8	小便器	挂式	600	450	自地面至下边缘
9	小便槽		200	150	自地面至台阶面
10	大便槽冲洗水箱		≥2000		自台阶面至水箱底
11	妇女卫生盆(净身器)		360		自地面至器具上边缘
12	化验盆		800		自地面至器具上边缘
13	淋浴器		2100		自地面至喷头底部

2) 安装的卫生器具应稳固。卫生器具的安装应采用预埋螺栓或膨胀螺栓安装固定。若卫生器具采用支、托架安装时，其支、托架的固定须平整、牢固，与器具接触紧密。使

用螺栓固定时，螺栓应加软胶皮垫圈，且拧紧时用力要适当。

3）安装的严密性。卫生器具与给水配件连接的开洞处，应使用橡胶板；与排水管、排水栓连接的下水孔应使用油灰；与墙面靠接时，应使用油灰或白水泥填缝。

4）安装的可拆卸性。卫生器具在使用过程中存在损坏或更换的可能性，所以安装时就应考虑器具的可拆卸性。在器具与给水支管连接处，必须装可拆卸的活接头；排水短管、排水存水弯连接处采用可拆卸的螺母连接等。

5）安装的美观性。卫生器具安装应端正、平直、美观。成排卫生器具连接管应均匀一致、弯曲形状相同，不得有凹凸等缺陷，连接管应统一。

连接卫生器具的排水管管径和最小坡度，如设计无要求时，应符合表5-19的规定。

连接卫生器具的排水管管径和最小坡度 表 5-19

序号	卫生器具名称		排水管管径（mm）	管道的最小坡度（‰）
1	污水盆（池）		50	25
2	单、双格洗涤盆（池）		50	25
3	洗手盆、洗脸盆		32～50	20
4	浴盆		50	20
5	淋浴器		50	20
6	大便器	高、低水箱	100	12
		自闭式冲洗阀	100	12
		拉管式冲洗阀	100	12
7	小便器	手动、自闭式冲洗阀	40～50	20
		自动冲洗水箱	40～50	20
8	化验盆（无塞）		40～50	25
9	净身器		40～50	20
10	饮水器		20～50	10～20
11	家用洗衣机		50（软管为30）	

5.2.2 坐式大便器的安装

坐式大便器的安装包括大便器的安装和冲洗装置的安装。图5-27为分体低水箱坐式大便器的安装图。安装顺序为：大便器→水箱→进水管→冲洗管。

（1）安装坐式大便器

1）确定安装位置并打眼。将坐便器排水口插入到排水管内，并使其排水口中心对准下水管中心，找正找平后标出坐便器底座外部轮廓及固定坐便器的四个螺栓孔眼位置，用冲击钻在此位置打眼（不能破坏地面防水层），预埋膨胀螺栓。

2）安装坐便器。安装前，清除排水口及大便器内部的杂物，按照所画大便器的轮廓线将大便器出水口插入 $DN100mm$ 的排水管口内。用水平尺反复校正坐便器安放平正后，将螺栓加垫拧紧螺母固定。固定时，不可过分用力，以防大便器底部瓷质碎裂。坐便器出口与排水管下水口的承插接头（图5-27中的节点1）用油灰填充，如图5-28所示。大便器就位固定后，应及时擦拭大便器周围的污物，并灌入 $1～2$ 桶清水，防止油灰粘贴甚至堵塞排水管口。

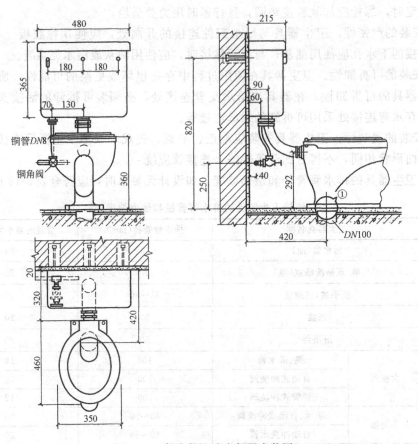

图 5-27　低水箱坐式大便器安装图

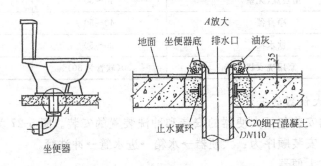

图 5-28　坐便器与排水管的连接图

（2）安装低水箱

首先安装低水箱上的排水口、进水浮球阀、冲洗扳手等配件，组装时，水箱中带溢流管的管口应低于水箱固定螺孔 10～20mm。然后确定水箱的安装位置，使其出水口中心线位置对准坐便器中心线，并在墙上打孔，预埋木砖或膨胀螺栓，再用木螺钉或预埋螺栓加垫圈将水箱固定在墙上。

（3）安装连接低水箱出水口与大便器进水口之间的冲洗管。

（4）安装低水箱给水三角阀和铜管，给水管应横平竖直，连接严密。

坐式大便器上的塑料盖应在即将交工时安装，以免在施工过程中被损坏。

5.2.3 蹲式大便器的安装

高水箱蹲式大便器的安装如图 5-29 所示。安装顺序为：大便器→存水弯→高水箱→进水管→冲洗管。

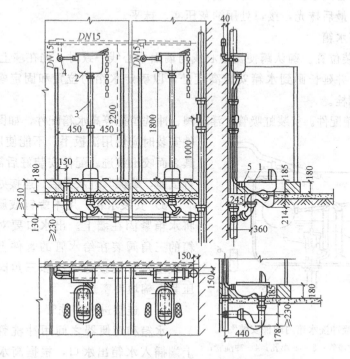

图 5-29　高水箱蹲式大便器的安装

1—蹲式大便器；2—高水箱；3—DN32mm 冲水管；

4—DN15mm 角阀；5—胶皮碗

（1）安装存水弯

首先根据图纸的设计要求和地面下水管口的位置，确定存水弯的安装位置并安装存水弯。

（2）安装胶皮碗

将胶皮碗套在大便器的进水口上，采用成品喉箍箍紧或用 14 号铜丝绑扎两道，铜丝应错位绑扎，不允许压结在一条直线上。

（3）安装蹲便器

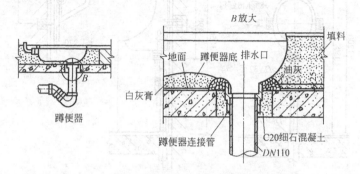

图 5-30　蹲便器与排水管连接安装图

清除排水管甩向大便器承口周围及管内的杂物。在排水连接管承口内外壁抹上油灰，并在周围及大便器下面铺垫白灰膏，然后将蹲便器排水口插入承口内稳住。图 5-30 所示为蹲便器与排水管连接安装图。将大便器两侧用砖砌好，用水平仪找平找正，并用碎砖和水泥砂浆调整，最后抹光，接口处用油灰压实、抹平。

（4）安装高水箱

1）确定安装位置。确认蹲便器中心线与墙面中心线一致时，先在墙上画出水箱的横、竖十字中心线，并延长画到水箱安装高度处，以确定水箱的位置和固定螺栓的位置并打孔，预埋膨胀螺栓。

2）安装水箱配件。安装虹吸管、浮球阀、冲洗拉把等高水箱配件，如图 5-31 所示。配件安装时应使用活扳手，不能使用管钳，以免将其表面咬出痕迹。配件安装好后需对水箱加水进行试验，确保其进水灵活，连接处紧密不漏水。

3）安装水箱。用木螺钉或膨胀螺栓加胶垫将水箱紧固在墙上。出水口要对准中心线，水箱的三角阀装在给水管的管件上，用合适的铜管或塑料管连接浮球阀和三角阀，之间用锁母压紧石棉填料密封。

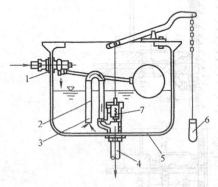

图 5-31　虹吸冲洗水箱内配件安装图

1—浮球阀；2—虹吸管；3—φ5 小孔；4—冲洗管；

5—水箱；6—拉杆；7—弹簧阀

（5）连接进水冲洗管

水箱和蹲便器之间用冲洗管连接。冲洗管上端插入水箱出水口，根据高水箱浮球阀距给水管三通的尺寸配好乙字管，并在乙字管的上端套上锁母，管端缠油麻，抹铅油（或直接缠生料带）插入水箱出水口后锁紧锁母，冲水管下端与大便器进水口上的胶皮碗相连接，用 14 号铜丝绑扎两道。在偏离水箱中心左侧 400mm 处安装角式截止阀。冲洗管连接好后，用干燥的细砂埋好，并在上面抹一层水泥砂浆。

5.2.4　挂式小便器的安装

挂式小便器的安装如图 5-32 所示。安装顺序为：安装小便斗→排水管→冲洗管。

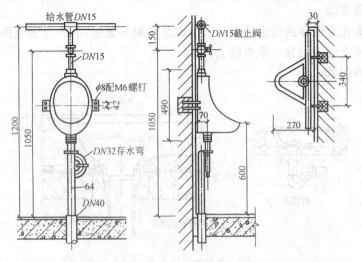

图 5-32　挂式小便器的安装

（1）安装小便斗

首先对准给水管中心画一条垂线，由地面向上量出规定的高度，画出一水平线，得到小便斗的安装中心线，根据此中心线定出小便斗安装孔的位置，预埋螺栓。托起小便斗挂在螺栓上，螺栓上应套胶垫、平垫拧至松紧适中，将小便器与墙之间的缝隙填入白水泥浆抹光。

（2）安装排水管

清理小便器预留排水管周围的杂物，卸开存水弯螺母，将存水弯下端插入预留的排水管口内，上端与小便斗排水口相连接，找正后用螺母加垫并拧紧，最后将存水弯与排水管间隙用油灰填塞密封，然后压盖压紧。

（3）安装冲洗管

冲洗管可明装或暗装，方法与安装大便器冲洗管基本相同。管道明装用截止阀把镀锌短管和小便器进水口连接；管道暗装用铜角式阀门和小便器进水口锁母压盖连接。

5.2.5　立式小便器的安装

立式小便器的安装如图 5-33 所示。步骤如下：

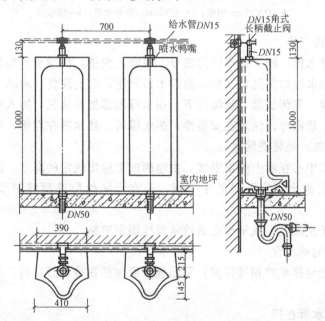

图 5-33　立式小便器的安装图

（1）安装前检查给水、排水预留管口是否在一条垂直线上，符合要求后按照管口找出中心线，将排水支管周围清理干净，取下临时管堵，抹上油灰，在立式小便器下铺垫水泥和白灰膏的混合灰，将立式小便器垂直就位，使排水栓和排水管口接合好并找平找正后就位，再将便器与墙面、地面之间的缝隙填入白水泥浆抹平抹光。

（2）将三角阀安装在预留的给水管上，阀的出口对准鸭嘴锁口，用截好的铜管一端用锁母与角阀连接，另一端用扣碗插入喷水鸭嘴内，内缠石棉绳，锁紧后在扣碗下用油灰抹平。

5.2.6　洗脸盆的安装

常见的洗脸盆有墙架式、柱脚式、台式三种形式。

（1）墙架式洗脸盆的安装

墙架式洗脸盆的安装如图 5-34 所示。安装步骤如下：

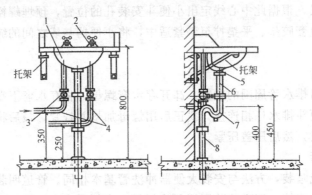

图 5-34　墙架式洗脸盆的安装图

1—洗脸盆；2—DN15mm 水龙头；3—DN15mm 截止阀；

4—DN15mm 给水管（左热右冷）；5—DN32mm 排水管；

6—DN32mm 钢管；7—DN32mm 钢存水弯；8—排水管

1）洗脸盆零件安装

安装脸盆的排水栓。卸下排水栓的根母、眼圈、胶垫，将排水栓加胶垫后插入脸盆的排水口内，注意排水栓的保险口与脸盆的溢水口对正，套上胶垫、眼圈，上紧根母。

安装脸盆水嘴。先将根母、锁母卸下，在水嘴根部垫好油灰，插入脸盆给水孔眼，套上胶垫、眼圈，上紧根母。注意在安装冷、热水嘴时，热水嘴在左侧，冷水嘴在右侧。

2）安装脸盆架，稳装洗脸盆

按照排水管口中心在墙上画出垂线，由地面向上量出规定的高度，画出水平线，根据脸盆宽在水平线上画出固定孔眼的十字线，并在十字线位置预埋膨胀螺栓，将脸盆架固定。

将洗脸盆置于支架上，找平找正后拧紧螺栓固定牢靠。

3）安装脸盆的排水管

将存水弯上端与排水栓相接拧紧，下端缠油麻绳插在排水管口内，用油灰将排水管口塞严抹平。

4）洗脸盆给水管连接

配好短管，装好角阀，再将短管另一端丝扣处涂铅油缠麻或缠生料带，拧在预留给水管管口上。并将外露麻丝清理干净。

（2）柱脚式洗脸盆的安装

柱脚式洗脸盆的安装如图 5-35 所示。安装步骤如下：

1）洗脸盆零件安装。安装方法同上。

2）稳装柱脚和脸盆。首先将柱脚依照排水管口中心线的位置支好。再将脸盆置于柱脚上并使其中心线与柱脚中心线平行，找平找正后，拧紧螺母至适当的松紧度，然后将柱脚与脸盆接缝处及柱脚与地面接缝处用白水泥嵌缝抹光。

3）安装脸盆排水管与给水管。同上。

（3）台式洗脸盆的安装

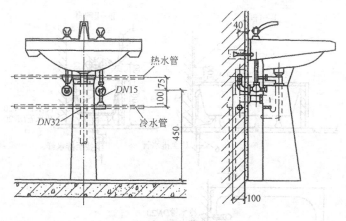

图 5-35　柱脚式洗脸盆的安装图

台式洗脸盆的安装如图 5-36 所示。安装方法基本同上，只是洗脸盆稳定在预制好的台面洞口内。

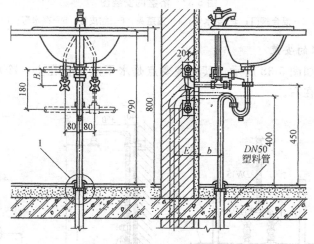

图 5-36　台式洗脸盆的安装图

5.2.7　浴盆的安装

浴盆的安装如图 5-37 所示。安装步骤如下：

（1）浴盆的稳装

将带腿的浴盆稳固，找正找平。如用砖支撑时，与土建配合把砖腿砌好，将浴盆稳于砖台，找平找正，浴盆与砖腿缝隙用水泥砂浆填充抹平。

（2）安装排水管

排水横管上连接排水三通，三通下口装铜管插入排水管承口内，将盆下排水栓涂油灰，加垫后从盆底穿出并锁紧。再用管道连接排水弯头和溢水管上的三通。

（3）安装混合水嘴

先将冷、热水管口找正找平，把混合水嘴丝扣抹上铅油、缠麻，带上护口盘，用扳手插入对丝内，分别拧上冷、热水预留管口，然后将混合水嘴对正，加垫拧紧锁母找平找正，再将冷、热水预留管口用短管找平找正，将水嘴拧紧找正，除掉外露麻丝。

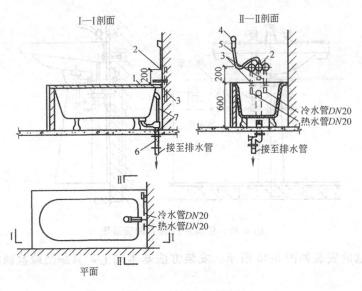

图 5-37　浴盆的安装图

1—浴盆；2—混合阀门；3—给水管；4—莲蓬头；5—蛇皮管；6—存水弯；7—排水管

5.2.8　淋浴器的安装

淋浴器的安装如图 5-38 所示。其安装要点是水平热水管在上，冷水管在下，竖向热水管在左，冷水管在右。

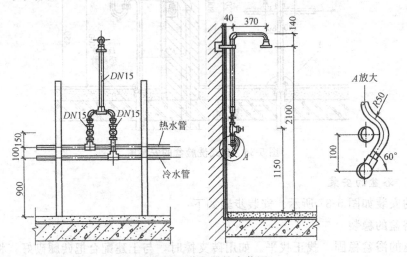

图 5-38　淋浴器的安装图

首先在墙上确定管子中心线和阀门水平中心线的位置，根据设计要求下料并进行安装。安装时，先将淋浴器冷、热水水平支管及配件用丝扣连接好，在热水管上安装短管和阀门，在冷水管上配半圆弯绕过热水横管后安装阀门，再往上安装内管箍、活接头、弯头、三通等。在三通以上安装混合管和喷头，混合管上端用管卡固定。

5.2.9　卫生器具安装的质量要求

(1) 卫生器具交工前应做满水和通水试验。满水后各连接件不渗不漏，通水时给水、排水畅通为合格。

（2）卫生器具安装的允许偏差应符合表 5-20 的规定。

卫生器具安装的允许偏差和检验方法 表 5-20

项次	项 目		允许偏差（mm）	检 验 方 法
1	坐标	单独器具	10	拉线、吊线和尺量检查
		成排器具	5	
2	标高	单独器具	±15	
		成排器具	±10	
3	器具水平度		2	用水平尺和尺量检查
4	器具垂直度		3	吊线和尺量检查

（3）卫生器具排水管道安装的允许偏差应符合表 5-21 的规定。

卫生器具排水管道安装的允许偏差及检验方法 表 5-21

项次	检 查 项 目		允许偏差（mm）	检验方法
1	横管弯曲度	每 1m 长	2	用水平尺量检查
		横管长度≤10m，全长	<8	
		横管长度>10m，全长	10	
2	卫生器具的排水管口及横支管的纵横坐标	单独器具	10	用尺量检查
		成排器具	5	
3	卫生器具的接口标高	单独器具	±10	用水平尺和尺量检查
		成排器具	±5	

思 考 题

1. 建筑内部排水系统由哪些部分组成？
2. 建筑排水工程常用的管材有哪些？各有何特点？
3. 通气管系统的作用是什么？
4. 建筑排水管道布置的基本原则有哪些？
5. 简述室内排水管道的安装过程及注意事项。
6. 怎样确定管段的下料长度？
7. 室内排水管道的灌水试验和通球试验怎样进行？
8. 建筑雨水排水系统有哪几种形式？各适用于什么情况？
9. 怎样安装雨水斗？
10. 怎样安装悬吊管？
11. 怎样安装大便器？
12. 怎样安装小便器？
13. 常见的洗脸盆有哪几种形式？叙述其安装过程。
14. 简述浴盆的安装过程。
15. 怎样制作淋浴器的半圆弯管？
16. 淋浴器安装时活接头有何作用？给水排水管道安装中还有哪些地方需使用活接头？

单元6 居住小区给水排水系统安装

知 识 点：(1) 居住小区给水排水系统的分类、给水方式、排水体制；(2) 居住小区给水排水系统的组成；(3) 居住小区给水排水管道施工图的组成及其识读；(4) 居住小区给水排水管道系统安装的工艺流程、施工方法和质量要求；(5) 居住小区给水排水施工及验收规范。

教学目标：通过本单元的学习，要求 (1) 能正确识读居住小区给水排水管道施工图；(2) 掌握居住小区给水排水管道系统安装的工艺流程、施工方法和质量要求。

课题1 居住小区给水排水管道施工图识读

1.1 居住小区

居住小区是指含有教育、医疗、文体、经济商业服务及其他公共建筑的城镇居民住宅建筑区。我国城镇居住用地组成的基本构成单元，在大、中城市一般由居住区、居住小区两级构成。在居住小区以下也可以分为居住组团和街坊等次级用地。

按《城市居住区规划设计规范》(GB 50180—93) 对城市居住区规划的划分为：

居住组团，居住户数为 300～800 户，居住人口数为 1000～3000 人；

居住小区，居住户数为 2000～3500 户，居住人口数为 7000～15000 人；

居住区，居住户数为 10000～15000 户，居住人口数为 30000～50000 人。

居住小区给水排水工程是指城镇中居住小区、居住组团、街坊和庭院范围内的建筑外部给水排水工程，不包括城镇工业区或中小工矿厂区内的给水排水工程。故居住小区排水工程是处于城市给水排水和建筑给水排水工程划分界限之间这一范围内。过去很长的一段时间内，该范围给水排水设计带有一定的盲目性，往往借用室外给水排水设计规范，由于扩大了规范的覆盖范围，以致出现了各种与实际不符的情况。1993 年 4 月《居住小区给水排水设计规范》的施行，上述存在的问题才开始得到解决，并且对于大专院校、医院、机关庭院等相似的建筑小区的给水排水工程设计也可以借鉴该规范。

1.2 居住小区给水系统的分类、给水方式及组成

1.2.1 居住小区给水系统按用途分类

(1) 低压统一给水系统

该系统是多层建筑的居住小区应首先考虑采用的系统。按防火规范要求，多层建筑群体中，也只有部分建筑应设室内消防给水系统，其余部分用室外消火栓通过消防车加压灭火。根据以上情况，生活给水系统和消防给水系统都不会需求过高的水压，而两种给水系统的压力也往往相接近，并且都属于低压范围。

（2）分压给水系统

高层建筑和多层建筑混合居住小区内，高层建筑和多层建筑所需压力显然差别较大。为了节能，该混合区应采用分压给水系统。

（3）分质给水系统

在严重缺水地区或无合格原水地区，为了充分利用当地的水资源，降低水质净化成本，将冲洗、绿化、浇洒道路等项用水水质要求低的水量从生活用水量中区分出来，确立分质给水系统。

（4）调蓄增压给水系统

高层和多层建筑混合居住区，其中为低层建筑所设的给水系统，也可对高层建筑的较低楼层供水，但是高层建筑超出低层建筑高度的部分，无论是生活给水还是消防给水一般情况都必须调蓄增压，即设有水池和水泵进行增压供水。

分散调蓄增压是指高层建筑幢数只有一幢或幢数不多，但各幢的供水压力要求差异很大时，每一幢建筑单独设置水池和水泵的增压给水系统。

分片集中调蓄增压是指小区内相近的若干幢建筑分片共用一套水池和水泵的增压给水系统。

集中调蓄增压是指小区内全部高层建筑共用一套水池和水泵的增压给水系统。

分片集中和集中调蓄增压给水系统，便于管理、节省总投资，但在地震区安全可靠性低。在规划和设计时应根据高层的数量、分布、高度、性质、管理和安全等情况，经技术经济比较后采用分散、分片集中或集中调蓄增压给水系统。

1.2.2 居住小区给水方式

（1）直接给水方式

城镇给水管网的水量、水压能满足小区给水要求时，应采用直接给水方式。从能耗、运行管理、供水水质及接管施工等各方面来比较，都是最理想的，应首先选用这种方式。

（2）设有高位水箱的给水方式

城镇给水管网的水量、水压周期性不足时，应采用该方式。可在小区集中设水塔或分散设水箱（详见建筑给水方式），该方式具有直接供水给水方式的大部分优点，但是，在设计、施工和运行管理中都应引起重视，避免水质的二次污染，以及当水箱布置在屋顶时冬季防冻应有一定的措施。

（3）小区集中或分散加压的给水方式

位于城市边缘的居住小区，一般处于城市给水管网末梢。给水系统水量充足，但水压很低。这时居住小区以城市给水管网为水源，由水池、水塔、加压泵房、给水管道组成给水系统。该种给水方式有：

1）水池→水泵→水塔；

2）水池→水泵→气压罐；

3）水池→变频调速水泵；

4）水池→变频调速水泵和气压罐组合；

5）水池→水泵；

6）水池→水泵→水箱；

7）管道泵直接抽水→水箱。

以上各种不同方法，各有其不同的优缺点，选择时应根据当地水源条件按安全、卫生、经济原则综合评价确定。综合评价的方法推荐采用模糊数学的多指标评价法。其方法参见有关文献。

1.2.3 小区给水系统的组成

上述各种给水系统均由水源、计量仪表、管道、设备等组成。

（1）给水水源

可供小区给水系统的水源有自备水源和城市给水管网水源两大类。

1）自备水源。小区可能远离城市给水管网水源，或小区靠近城市给水管网水源，但由于其水量有限，另采用自备水源作为补充。自备水源可利用地表水源和地下水源。由于地表水源受到环境、气候、季节等影响，其水质不能直接用于生活用水，故要满足小区供水水质，则需进行处理。地下水源也会受到环境和地下矿物质等的影响，其水质亦可能不符合小区供水水质，同样，应视情况进行处理。

2）城市给水管网水源。即利用城市给水管网作为小区供水水源，该水质在正常情况下已经达到国家饮用水水质标准，基本上能满足人们的用水水质要求，无特殊情况或特殊要求，不需再进行处理，所以小区内多采用城市给水管网的水作为水源。

（2）计量仪表

在城市供水系统中，因水的采取、处理、输送等过程需要各种物质费用和非物质费用，这些费用应由用户承担。计量仪表只完成用水的计量。

（3）管道系统

小区给水管道系统由接户管、小区支管、小区干管及阀门管件组成。

1）接户管，指布置在建筑物周围，直接与建筑物引入管相接的给水管道。

2）小区支管，指布置在居住组团内道路下与接户管相接的给水管道。

3）小区干管，指布置在小区道路或城市道路下与小区支管相接的给水管道。

（4）设备

小区给水设备系指贮水加压设备、水处理设备等。

1）贮水设备。常指贮水池、水塔、水箱等。

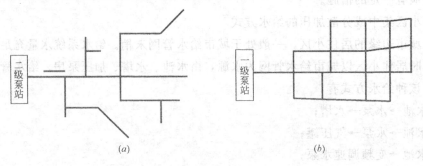

(a)   *(b)*

图 6-1　居住小区给水管网的布置形式

(a) 枝状管网；*(b)* 环状管网

2）加压设备。常指水泵和气压给水设备等。

3）水处理设备。用于净化自备水源或对城市给水管网水源作深度处理，以达到有关水质标准的设施。

4）电气控制设备。常用于水泵、阀门等的运行控制。

1.2.4　居住小区给水管道的布置形式

居住小区给水管道的布置有枝状管网、环状管网两种形式，如图 6-1 所示。枝状管网是指给水管网像树枝一样从干管到支管，如果管网中某一处损坏，将影响到它以后管线的供水；环状管网是将管网连接成环，一旦某一管线损坏，断水范围较小。

1.3　居住小区排水体制及排水系统的组成

小区排水系统的主要任务是接收小区内各建筑内外用水设备产生的污废水及小区屋面、地面雨水，并经相应的处理后排至城镇排水系统或水体。

1.3.1　排水体制

居住小区排水体制的选择，应根据城镇排水体制、环境保护要求等因素进行综合比较，确定采用分流制或合流制。

居住小区内的分流制，是指生活污水管道和雨水管道分别采用不同管道系统的排水方式；合流制是指同一管渠内接纳生活污水和雨水的排水方式。

分流制排水系统中，雨水由雨水管渠系统收集就近排入水体或城镇雨水管渠系统；污水则由污水管道系统收集，输送到城镇或小区污水处理厂进行处理后排放。根据环境保护要求，新建居住小区应采用分流制系统。

居住小区内排水需要进行中水回用时，应设分质、分流排水系统，即粪便污水和生活废水（杂排水）分流，以便将杂排水收集作为中水原水。

1.3.2　排水系统的组成

（1）管道系统

包括收集小区的各种污废水和雨水管道及管道系统上的附属构筑物。管道包括接户管、小区支管、小区干管；管道系统上的附属构筑物种类较多，主要包括：检查井、雨水口、溢流井、跌水井等。

（2）污废水处理设备构筑物

居住区排水系统污废水处理构筑物有：在与城镇排水连接处有化粪池，在食堂排出管处有隔油池，在锅炉排污管处有降温池等简单处理的构筑物。若污水回用，根据水质采用相应中水处理设备及构筑物等。

（3）排水泵站

如果小区地势低洼，排水困难，应视具体情况设置排水泵站。

1.4　居住小区给水排水管道施工图识读

居住小区给水排水管道施工图表示小区给水排水管道平面及高程的布置情况。其施工图是由施工说明、给水排水管道平面图、管道纵断面图和有关的安装详图组成。

1.4.1　小区给水排水管道平面图的图示内容和图示方法

（1）小区给水排水管道平面图的图示内容

小区给水排水平面图是以建筑总平面的主要内容为基础，表明小区内的给水排水管道平面布置情况的图纸，一般包括以下内容：

1）给水排水管道的平面位置、规格和走向等。给水管道的走向是从大管径到小管径通向建筑物；排水管道则是从建筑物处来到检查井，各检查井之间从高标高到低标高，管径从小到大。排水检查井用直径为 2～3mm 的小圆圈表示。

2）在小区给水管道上标明阀门井、消火栓及管道节点等的平面位置及数量；在小区排水管道上要表明检查井、雨水口、污水出水口等附属构筑物的平面位置及数量。一般都用图例表示。

（2）小区给水排水管道平面图的图示方法

1）一般情况下，给水管道用粗实线表示，排水管道用粗虚线表示，雨水管道用粗点画线表示。也可用管道代号（汉语拼音字母）表示，给水管道"J"、污水管道"W"、雨水管道"Y"等。

2）小区给水排水管道平面图上绘制的管道（指单线）是管道的中心线，管道在平面图的定位是指到管道中心的距离。

3）小区给水排水平面图标注的管道标高一般为绝对标高，并精确到小数点后两位数。

4）小区给水管道在平面图上应标注管道的直径、长度和管道节点编号。管道节点编号的顺序是从干管到支管再到用户。

5）小区给水排水平面图上应注明各类管道的坐标或定位尺寸。用坐标时：管道标注转弯点（井）等处坐标，构筑物标注中心或两对角处坐标；用定位尺寸时：以建筑物外墙、轴线或道路中心线为定位尺寸基线。

6）小区排水管道在平面图上应标注检查井的编号（或桩号）及管道的直径、长度、坡度、流向和与检查井相连的各管道的管内底标高。排水检查井的编号顺序是从上游到下游，先支管后干管。检查井的桩号指检查井至排水管道某一起点的水平距离，它表示检查井之间的距离和室外排水管道的长度。工程上排水检查井桩号的表示方式为 X＋XXX．XX。

"＋"前的数字代表公里数，"＋"后的数字为米数，如 1＋200.00 表示检查井距管道某起点的距离为 1200 米。

与某一检查井相连的排水管道的标注如图 6-2 所示。

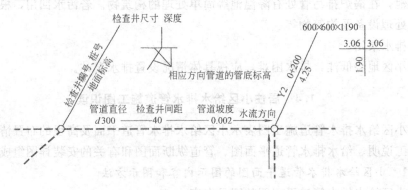

图 6-2　排水管道、检查井的标注

154

1.4.2　小区给水排水管道纵断面图的图示内容和图示方法

由于地下管道种类繁多，布置复杂，因此在工程中要按管道的种类分别绘制每一条街道的管道平面图和纵断面图，以显示路面的起伏、管道的埋深、坡度、管道交接等情况。

管道的纵断面图是沿管道长度方向、经过管道的轴线铅垂剖开后的断面图，由图样和资料两部分组成。

（1）小区给水排水管道纵断面图的图示内容

1）图样部分表明给水排水管道、检查井的纵断面布置情况。

2）资料部分表明管道的埋深、管道的直径、给水管道的管中心标高或排水管道的管内底标高、管道的坡度、地面标高等。

（2）小区给水排水管道纵断面图的图示方法

1）图样部分

A. 给水管道由于是压力管道，标注的是管中心标高，因此在纵断面图上给水管道用单线表示管道中心线的位置；而排水管线是重力流，要标注管内底标高，因此在纵断面图上排水管线绘制双线以表示排水管道直径、管内底标高及检查井内上下游水位连接的方式。

接入检查井的支管，按管径及其管内底标高画出其横断面并标注其管内底标高。

B. 图样中水平方向表示管道的长度，垂直方向表示管道的直径。由于管道长度方向比直径方向大得多，因此绘制纵断面图时，两方向可采用不同的比例。横坐标方向比例为1：5000 或 1：1000；纵坐标方向比例为 1：100 或 1：200。

C. 图样中原有的地面线用不规则的细实线表示，设计地面线用比较规则的中粗实线表示，管道用粗实线表示。

D. 在排水管道纵断面图中，应画出检查井。一般用两根竖线表示检查井，竖线上连地面，下接管顶。给水管道中的阀门井不必画出。

E. 与管道交叉的其他管道，按管径、管内底标高以及与其相近检查井的平面距离画出其横断面，注写出管道类型、管内底标高和平面距离。

2）资料部分

管道纵断面图的资料标在图样的下方，并与图样对应如图 6-4 所示。

A. 编号。在编号栏内，对于排水管道，对正图形部分的检查井位置填写检查井编号或桩号；对于给水管道，对正图形部分的节点位置填写节点编号。

B. 平面距离。相邻检查井或节点的中心距离。

C. 管径及坡度。填写排水两检查井或给水两节点之间的管径和坡度，当若干个检查井或节点之间的管道直径和坡度相同时，可合并。

D. 设计管内底标高。排水管道的设计管内底标高是指检查井进、出口处管道的内底标高。如两者相同，只需填写一个标高。否则，应在该栏纵线两侧分别填写进、出口处管道的内底标高。

E. 设计路面标高。设计路面标高是指检查井井盖处的地面标高。

1.4.3　识读举例

图 6-3 为某街道室外给水排水的平面图和污水纵断面图。

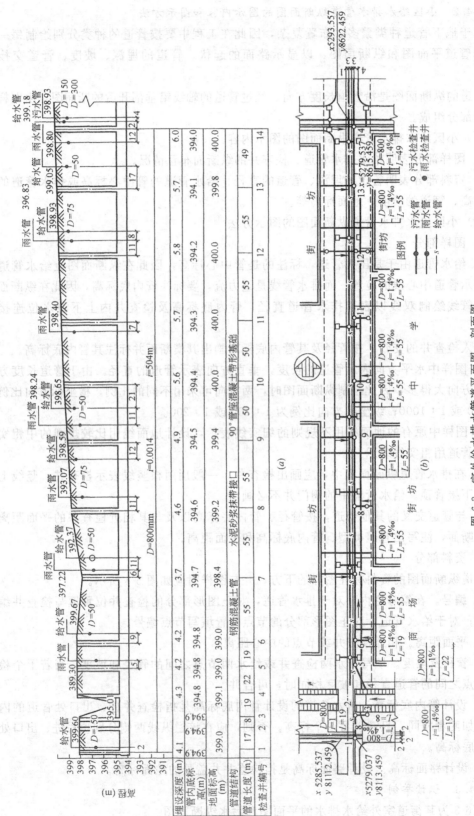

图 6-3 室外给水排水管道平面图、剖面图

(a) 室外给水排水管道剖面图；(b) 室外给水排水管道平面图

课题 2 居住小区给水工程安装

2.1 小区给水管道的管材及管网附属设施

2.1.1 小区给水管道常用的管材

常采用的给水管有金属管（铸铁管、钢管）、非金属管（预应力钢筋混凝土管、石棉水泥管、塑料管等）两类。

小区给水管管材应根据水压、水质、外部荷载、土壤性质、施工维护和材料供应等条件确定。一般选用耐腐蚀和防止水质二次污染的优质钢管或新型非金属管道。管道内供水压力不超过 0.75MPa 时，采用普压给水铸铁管，管道内供水压力超过 0.75MPa 时，采用高压给水球墨铸铁管。

2.1.2 管网附属设施

（1）阀门井

阀门用来调节管线中的流量或水压。主要管线和次要管线交接处的阀门常设在次要管线上。一般把阀门装在阀门井内，其平面尺寸由水管直径及附件的种类和数量确定。

（2）排气阀和排气阀井

排气阀设在管线的高起部位，用以在投产、日常或检修后排出管内空气，地下管道的排气阀安装在排气阀井中。

（3）泄水阀

为排除管道中沉淀物或检修时放空存水，泄水阀设在管线最低处。

（4）消火栓

分地上式和地下式，地上式易于寻找，使用方便，但易碰坏。地下式适于气温较低的地区，一般安装在消火栓井内。消火栓应设在交叉路口的人行道上，距建筑物在 5m 以上，距离车行道应不大于 2m，使消防车易于驶近。

2.2 居住小区给水管网的布置与敷设

给水管线一般埋在道路、绿地底下，特殊情况时（如过桥时）才考虑敷设在地面上。给水管网敷设可从以下几方面考虑：

（1）给水管管顶以上的覆土深度，在不冰冻地区由外部荷载、管道强度、土壤地基、与其他管线交叉等条件决定，金属管道一般不小于 0.7m，非金属管道不小于 1.0～1.2m。布置在居住组团内的给水支管和接户管如无较大的外部动荷载时，管顶覆土厚度可减少。但对硬聚氯乙烯管管径 $De \leqslant 500$mm 时，管顶最小覆土厚度为 0.5m；管径 $De > 500$mm 时，管顶最小覆土厚度为 0.7m。

（2）冰冻地区，管道除了以上考虑外，还要考虑土壤冰冻深度。缺乏资料时，管底在冰冻线以下的深度如下：管径 $DN = 300 \sim 600$mm 时为 $0.75DN$；$DN > 600$mm 时为 $0.5DN$。

（3）在土壤耐压力较高和地下水位较低处，水管可直接埋在管沟中未扰动的天然地基上。在岩基上，应铺设砂垫层。对淤泥和其他承载能力达不到设计要求的地基，必须进行基础处理。

（4）居住小区给水管道宜与道路中心或与主要建筑物的周边呈平行敷设，并尽量减少与其他管道的交叉。给水管道与建筑物基础的水平净距，管径 $DN100mm\sim DN150mm$ 时，不宜小于 1.5m；管径 $DN50mm\sim DN75mm$ 时，不宜小于 1.0m。

给水管道与其他管道平行或交叉敷设时的净距，应根据管道的类型、埋深、施工检修的相互影响、管道上附属构筑物的大小和当地有关规定等条件确定。一般可按表 6-1 采用。

居住小区地下管线（构筑物）间最小净距（m）　　　　表 6-1

种　类	给水管		污水管		雨水管	
	水平	垂直	水平	垂直	水平	垂直
给水管	0.5～1.0	0.1～0.15	0.8～1.5	0.1～0.15	0.8～1.5	0.1～0.15
污水管	0.8～1.5	0.1～0.15	0.8～1.5	0.1～0.15	0.8～1.5	0.1～0.15
雨水管	0.8～1.5	0.1～0.15	0.8～1.5	0.1～0.15	0.8～1.5	0.1～0.15
低压煤气管	0.5～1.0	0.1～0.15	1.0	0.1～0.15	1.0	0.1～0.15
直埋式热水管	1.0	0.1～0.15	1.0	0.1～0.15	1.0	0.1～0.15
热力管沟	0.5～1.0		1.0		1.0	
乔木中心	1.0		1.5		1.5	
电力电缆	1.0	直埋 0.5 穿管 0.25	1.0	直埋 0.5 穿管 0.25	1.0	直埋 0.5 穿管 0.25
通信电缆	1.0	直埋 0.5 穿管 0.15	10	直埋 0.5 穿管 0.15	10	直埋 0.5 穿管 0.15
通信及照明电缆	0.5		1.0		1.0	

注：1. 指管外壁距离，管道交叉设套管时指套管外壁距离，直埋式热力管指保温管壳外壁距离。

　　2. 电力电缆在道路的东侧（南北方向的路）或南侧（东西方向的路）；通信电缆在道路的西侧或北侧。一般均在人行道下。

（5）生活饮用水给水管道与污水管道或输送有毒液体管道交叉时，给水管道应敷设在上面，且不应有接口重叠；当给水管敷设在下面时，应采用钢管或钢套管。

（6）埋地管道的管顶最小覆盖厚度，在车行道下，一般不应小于 0.7m。当土壤的冰冻线很浅，且保证管道在不受外部荷载损坏时，其覆土厚度可酌情减少。

（7）各种管道平面布置及标高设计，在相互发生冲突时，应按小直径管道让大直径管道；可弯管道让不能弯管道；新设管道让已建管道；临时性管道让永久性管道；有压管道让无压管道。

（8）应根据地形情况，在最高处设置排气阀，在最低处设置泄水阀或排泥阀。在垂直或水平方向转弯处应设置支墩，根据管径、转弯角度、试压标准及接口摩擦力等因素，通过计算来确定支墩的大小、位置。

（9）应根据供水压力采取防止、消除或减轻水锤破坏作用的措施。敷设管道时其中心转折角大于 2°时，应设置弯头或乙字管等管件。

（10）为了便于小区管网的调节与检修，应在与市政管网连接处的小区干管上、与小区干管连接处的小区支管上、与小区支管连接处的接户管上及环状管网需调节和检修处设置阀门。阀门应设在阀门井内。居住小区内市政消火栓保护不到的区域应设室外消火栓，设置数量和间距应按《建筑设计防火规范》和《高层民用建筑设计防火规范》执行。当居住小区绿地和道路需要洒水时，可设置洒水栓，其间距不宜大于 80m。

（11）居住区管道平面排列时，应按从建筑物向道路方向和由浅埋深至深埋深的顺序安排，一般常用的管道排列顺序如下：

1）通信电缆或电力电缆；2）煤气管道；3）污水管道；4）给水管道；5）热力管道；6）雨水管道。

2.3 居住小区给水管道安装

室外给水管道安装操作工艺流程如下：

安装准备→清扫管腔→管材、管件、阀门、消火栓等就位→管道连接→灰口养护→水压试验→管道冲洗。

2.3.1 安装准备

（1）沟槽开挖与验收

首先，按图纸要求测出管道的坐标与标高后，再按图示方位打桩放线，确定沟槽位置、宽度和深度。其坐标和标高应符合设计要求，偏差不得超过质量标准的有关规定。

当设计无规定时，其沟槽底宽尺寸符合表6-2的要求。

沟槽底宽尺寸表（m）　　　　　　　　　　　　　　　　表6-2

管 材 名 称	管 径 DN(mm)				
	50～75	100～200	250～350	400～500	500～600
铸铁管、钢管、石棉水泥管	0.70	0.80	0.90	1.10	1.50
陶土管	0.80	0.80	1.00	1.20	1.60
钢筋混凝土管	0.90	1.00	1.00	1.30	1.70

注：1. 当管径大于100mm时，对任何管材沟底净宽均为 $D_w+0.6$m（D_w 为管箍外径）；

　　2. 当用支撑板加固管沟时，沟底净宽加0.1m；当沟深大于2.5m时，每增深1m，净宽加0.1m；

　　3. 在地下水位高的土层中，管沟的排水沟宽为0.3～0.5m。

为了防止坍塌，沟槽开挖后应留有一定的边坡，边坡的大小与土质和沟深有关，当设计无规定时，深度在5m以内的沟槽，最大边坡应符合表6-3的规定。

深度在5m以内的沟槽最大边坡坡度（不加支撑）　　　　表6-3

土 壤 种 类	边 坡 坡 度		
	人工挖土，并将土抛于沟边上	机 械 挖 土	
		在沟底挖土	在沟边挖土
砂土	1：1.0	1：0.75	1：1.0
砂质粉土	1：0.67	1：0.50	1：0.75
粉质黏土	1：0.50	1：0.33	1：0.75
黏土	1：0.33	1：0.25	1：0.67
含砾石、卵石	1：0.67	1：0.50	1：0.75
泥岩白土	1：0.33	1：0.25	1：0.67
干黄土	1：0.25	1：0.10	1：0.33

注：1. 如人工挖土不把土抛于沟槽上边而随时运走时，也可采用机械在沟底挖土的坡度；

　　2. 表中砂土不包括细砂和松砂；

　　3. 在个别情况下，如有足够依据或采用多种挖土机，均可不受表的限制；

　　4. 距离沟边0.8m以内，不应堆积弃土和材料，弃土堆置高度不超过1.5m。

为便于管段下沟，挖沟槽的土堆放在沟的一侧，且土堆底边与沟边应保持一定距离，一般不小于0.8m。

机械挖槽应确保槽底土层结构不受扰动或破坏，用机械挖槽或开挖沟槽后，当天不能下管时，沟底应留出 0.2m 左右一层不挖，待铺管前用人工清挖。

沟槽开挖时，如遇有管道、电缆、建筑物、构筑物或文物古迹，应采取保护措施或停止施工，并及时与有关单位和设计部门联系，严防事故发生造成损失。

沟底要求是坚实的自然土层，如果是松散的回填土或沟底有不易清除的块石时，都要进行处理，防止管子产生不均匀下沉而造成质量事故。松土层应夯实，加固密实，对块石应将其上部铲除，然后铺上一层大于 150mm 厚度的回填土整平夯实或用黄砂铺平。管道的支撑和支墩不得直接铺设在冻土和未经处理的松土上。

（2）开挖工作坑

沟槽检验合格后，即可开挖工作坑。先根据单根管子长度在沟中准确量得各管接口的位置，并作上标记（注意各部件、附件的长度和工作坑位置），再画出各工作坑的实挖位置。工作坑的大小和深度因土质、管径、接口方法的差异而不同，一般以方便操作为宜。工作坑的尺寸见表 6-4。

工作坑的尺寸　　　　　　　　　　　　　　　　　　表 6-4

管径 DN (mm)	工 作 坑 尺 寸 (m)			
	宽　度	长　度		深　度
		承口前	承口后	
75～250	管径+0.6	0.6	0.2	0.3
250 以上	管径+1.2	1.0	0.3	0.4

2.3.2　清扫管膛

将管道内的杂物清理干净，并检查管道有无裂缝和砂眼。管道承口内部及插口外部飞刺、铸砂等应预先铲掉，沥青漆用喷灯或气焊烤掉，再用钢丝刷除去污物。

2.3.3　管材、管件、阀门、消火栓等就位

（1）散管和下管

散管指将检查并疏通好的管子散开摆好，其承口应迎着水流方向，插口顺着水流方向。

下管是将管子从地面放入沟槽内。下管方法分人工下管和机械下管、集中下管和分散下管、单节下管或组合下管等几种。下管方法的选择可根据管径大小、管道长度和重量，管材和接口强度，沟槽和现场情况及拥有的机械设备等条件而定。当管径较小、重量较轻时，一般采用人工下管。管径较大、重量较重时，可采用机械下管。但在不具备下管机械的现场或现场条件不允许时，可采用人工下管，但下管时应谨慎操作，以保证人身安全。操作前，必须对沟壁情况、下管工具、绳索、安全措施等认真地检查。

人工下管时，将绳索的一端拴固在地锚上，拉住绕过管子的另一端，并在沟边斜放滑木至沟底，用撬杠将管子移至沟边，再慢慢放绳，使管子沿滑木滚下（图 6-4）。若管子过重，人力拉绳困难时，可把绳子的另一端在地锚上绕几圈，依靠绳子与桩的摩擦力较省力，且可避免管子冲击而造成断裂或其他事故。拉绳不少于两根，沟底不能站人，以保证操作安全。

机械下管时，为避免损伤管子，一般应将绳索绕管起吊，如需用卡钩吊装时，应采取相应的保护措施。机械吊管时要注意上方高压电线或地下电缆，严防事故发生。

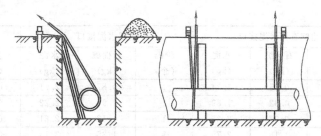

图 6-4　管道下沟操作图

（2）管道对口和调直稳固

下至沟底的铸铁管在对口时，可将管子插口稍稍抬起，然后用撬杠在另一端用力将管子插口推入承口，再用撬杠将管子校正，使接口间隙均匀，并保持管子成直线，管子两侧用土固定。遇有需要安装阀门、消火栓处，应先将阀门与其配合的短管安装好，而不能先将短管与管子连接后再与阀门连接。

管子铺设并调直后，除接口外应及时覆土，以防管子发生位移，也可防止在捻口时将已捻管口振松。稳管时，每根管子须仔细对准中心线，接口的转角应符合施工规范要求。

铸铁管承插接口的对口间隙应不小于 3mm，最大间隙不得大于表 6-5 的规定。

铸铁管沿直线铺设，承插接口的环形间隙应符合表 6-6 的规定。

2.3.4　管道连接及灰口养护

（1）给水铸铁管连接方法及灰口养护

1）给水铸铁管承插接口材料用量见表 6-7。

铸铁管承插口的对口最大间隙（mm）　　　　　　　　表 6-5

管径 DN(mm)	沿直线铺设	沿曲线铺设
75	4	5
100～200	5	7～13
300～500	6	14～22

注：沿曲线铺设，每个接口允许有 2°转角。

铸铁管承插口的对口环形间隙（mm）　　　　　　　　表 6-6

管径 DN(mm)	标准环形间隙	允　许　偏　差
75～200	10	+3 −2
250～450	11	+4
500	12	−2

给水铸铁管承插接口材料用量（每个接口）　　　　　　表 6-7

管径 DN (mm)	油麻石棉水泥接口			胶圈水泥接口			青铅接口	
	油麻 (kg)	石棉绒 (kg)	水泥 (kg)	胶圈 (个)	石棉绒 (kg)	水泥 (kg)	油麻 (kg)	青铅 (kg)
75	0.083	0.15	0.30	1	0.18	0.42	0.11	2.34
100	0.10	0.20	0.47	1	0.24	0.55	0.16	2.90
150	0.14	0.30	0.70	1	0.35	0.80	0.25	4.02
200	0.16	0.39	0.90	1	0.44	1.26	0.31	5.17
250	0.28	0.52	1.20	1	0.61	1.42	0.46	6.88
300	0.33	0.61	1.41	1	0.72	1.67	0.54	8.09

管径 DN (mm)	油麻石棉水泥接口			胶圈水泥接口			青铅接口	
	油麻 (kg)	石棉绒 (kg)	水泥 (kg)	胶圈 (个)	石棉绒 (kg)	水泥 (kg)	油麻 (kg)	青铅 (kg)
350	0.37	0.75	1.74	1	0.87	2.01	0.68	9.34
400	0.43	0.82	1.89	1	0.96	2.22	0.74	10.60
450	0.48	0.97	2.25	1	1.13	2.61	0.91	12.80
500	0.60	1.18	2.75	1	1.35	3.13	0.98	17.40
600	0.71	1.49	3.45	1	1.68	3.90	1.14	20.70
700	0.83	1.82	4.22	1	2.05	4.75	1.47	24.0
800	1.25	2.18	5.06	1	2.44	5.66	1.84	27.3
900	1.58	2.21	5.13	1	2.86	6.64	2.24	30.5
1000	2.12	2.76	6.40	1	3.62	8.39	2.56	42.7

2）安装前，应对管材的外观进行检查，查看有无裂纹、毛刺等，不合格的不能使用。

3）插口装入承口前，应将承口内部和插口外部清理干净，用气焊烤掉承口内及承口处的沥青。如采用橡胶圈接口时，应先将橡胶圈套在管子的插口上，插口插入承口后调整好管子的中心位置。

4）铸铁管全部放稳后，暂将接口间隙内填塞干净的麻绳等，防止泥土及杂物进入。

5）接口前应挖好工作坑。

6）承插口缝隙内填麻时，应将堵塞物清理掉，填麻的深度为承口总深的1/3，填麻应密实均匀，应保证接口环形间隙均匀。

打麻时，应先打油麻后打干麻。应把每圈麻拧成麻辫，麻辫直径等于承插口环形间隙的1.5倍，长度为周长的1.3倍左右为宜。打锤要用力，凿凿相压，一直到铁锤打击时发出金属声为止。

采用胶圈接口时，填打胶圈应逐渐滚入承口内，防止出现"闷鼻"现象。

给水铸铁管接口填料有石棉水泥、膨胀水泥和青铅。填料的配置详见建筑给水管道系统的安装（单元2中的课题4）。

7）将配置好的石棉水泥填入口内（不能将拌好的石棉水泥用料静置超过半小时再打口），应分几次填入，每填一次应用力打实，应凿凿相压，第一遍贴里口打，第二遍贴外口打，第三遍朝中间打，打至呈油黑色为止，最后轻打找平，如图6-5所示。如果采用膨胀水泥接口时，也应分层填入并捣实，最后捣实到表层面反浆，且比承口边缘凹进1～2mm为宜。

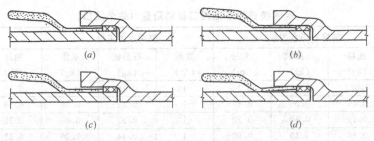

图 6-5　铸铁承插管打口基本操作法

(a) 贴里口打；(b) 贴外口打；(c) 朝中间打；(d) 挑打（挑里、挑外）

8）接口完毕，应速用湿泥或用湿草袋将接口处周围覆盖好，并用虚土埋好后进行养护。天气炎热时，还应铺上湿麻袋等物进行保护，防止热胀冷缩损坏管口。在太阳暴晒时，应随时洒水养护。气温在5℃以下时要注意防冻。接口一般养护3～5天。

9）一般采用大锤和剁子进行断管。

10）断管量大时，可用手动油压钳铡管器铡断。该机油压系统的最高工作压力为60MPa，使用不同规格的刀框，即可将直径100～300mm的铸铁管切断。

（2）钢筋混凝土管道安装

预应力钢筋混凝土管或自应力钢筋混凝土管的承插接口，除有特殊要求外，一般采用橡胶圈柔性连接。在土质或地下水对橡胶圈有腐蚀的地段，在回填土前，应用沥青胶泥、沥青麻丝或沥青锯末等材料封闭橡胶圈接口。

当沟基处理好后，为了使胶圈达到预定的工作位置，必须要有产生推力和拉力的安装工具，一般采用拉杆千斤顶，即预先于横跨在已安装好的1～2节管子的管沟两侧安装一截横木，作为锚点，横木上拴一钢丝绳扣，钢丝绳扣套入一根钢筋拉杆，每根拉杆长度等于一节管长，安装一根管，加接一根拉杆，拉杆与拉杆间用S形扣连接。这样一个固定点，可以安装数根管后再移动到新的横木固定点，然后用一根钢丝绳兜扣住千斤顶头连接到钢筋拉杆上。为了使两边钢丝绳在顶装过程中拉力保持平衡，中间应连接一个滑轮，如图6-6所示。

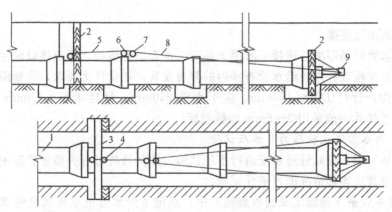

图6-6　拉压千斤顶法安装钢筋混凝土管

1—承插式预应力钢筋混凝土管；2—方木；3—背圆木；4—钢丝绳扣；5—钢筋拉杆；

6—S形扣；7—滑轮；8—钢丝绳；9—千斤顶

拉杆千斤顶施工法的安装程序及操作要求：

1）套橡胶圈。在清理干净管端承插口后，即可将胶圈从管端两侧同时由管下部向上套，套好后的胶圈应平直，不得有扭曲现象。

2）初步对口。利用斜挂在跨沟架子横杆上的倒链把承口吊起，并使管段慢慢移到承口，然后用撬棍进行调整，若管位很低时，用倒链把管提起，下面填砂捣实；若管子超高，沿管轴线左右晃动管子，使管下沉。为了使插口和胶圈能够顺利地进入承口，达到预定位置初步对口后，承插口间的承插间隙和距离务必均匀一致。否则，胶圈受压不均，进入速度不一致，将造成胶圈扭曲而大幅度的回弹。

3）顶装。初步对口正确后，即可装千斤顶进行顶装。顶装过程中，要随时沿管四周观察胶圈和插口进入情况。当管下部进入较少时，可用倒链把承口端稍稍抬起；当管左部进入较少或较慢时，可用撬棍在承口右侧将管向左侧拨动。进行矫正时应停止顶进。

4）找正找平。把管子顶到设计位置时，经找平找正后方可松放千斤顶。相邻两管的高度偏差不超过±20mm，中心线左右偏差一般在30mm以内。

预应力钢筋混凝土管沿直线铺设时，其对口间隙应符合表6-8的规定。

预应力钢筋混凝土管对口间隙 表6-8

接 口 形 式	管径 DN(mm)	沿直线铺设的间隙(mm)
柔性接口	300～900	15～20
	1000～1400	20～25
刚性接口	300～900	6～8
	1000～1400	8～10

（3）镀锌钢管安装

镀锌钢管一般用于管径 $DN<75mm$ 的室外给水管道。

镀锌钢管与铸铁管承口连接时，镀锌钢管插入的一端要翻边以防止水压试验或运行时脱出，另一端要将螺纹套好。简单的翻边方法可将管端等分锯几个口，用钳子逐个将其翻成相同的角度即可。

镀锌钢管螺纹连接方式同室内给水管道。埋地敷设管道要根据设计要求与土质情况做好防腐处理。

（4）管道法兰连接

室外给水管道采用法兰连接一般用于阀门、水表的连接处。管道接口法兰不得埋在土壤中，应安装在检查井内。给水检查井内的管道安装，如设计无要求，井壁距法兰（或承口）的距离为：管径 $DN\leqslant450mm$，应不小于 250mm；管径 $DN>450mm$，应不小于 350mm。法兰垫片一般采用 3～5mm 的橡胶板。

2.3.5　给水管道试验压力与水压试验

管道安装完毕，应对管道系统进行水压试验。按其目的可分为检查管道耐压强度的强度试验和检查管道连接情况的严密性试验。

《给水排水管道工程施工及验收规范》中，规定了给水管道水压试验标准。如设计无具体要求时，可参照表6-9的规定执行。

管道水压试验压力值（MPa） 表6-9

管 材 种 类	工 作 压 力	试 验 压 力
钢管	P	$P+0.5$ 且不小于 0.9
普通铸铁管及球墨铸铁管	$\leqslant0.5$	$2P$
	>0.5	$P+0.5$
预应力钢筋混凝土管	$\leqslant0.6$	$1.5P$
自应力钢筋混凝土管	>0.6	$P+0.3$
给水硬聚氯乙烯管	P	不得超过 $1.5P$ 且不小于 0.5
现浇或预制钢筋混凝土管	$\geqslant0.1$	$1.5P$

（1）水压试验前的准备工作

1）编制水压试验方案。其内容应包括：

A. 后背及堵板的设计；

B. 供水管路、排水孔及泄水孔的设计；

C. 加压设备、压力表的选择及安装；

D. 排水疏导措施；

E. 升压分级的划分及观测制度的规定；

F. 试验管段的稳定措施；

G. 安全措施。

2）试压前的现场检查

A. 管道基础及支墩应合格，管身两侧及其上部回填土厚度不小于 0.5m。接口部分不回填，以供检查。

B. 管道转弯、三通等管件处设置的支墩必须做好，并达到设计强度。后背土一定要填实，并仔细检查管端堵板支撑及管线上的防横向位移支撑是否牢固等。

C. 试验管路、设备，量测设备、计时、计压等设备的检查。

D. 为试压而设置的临时支墩（撑）。

3）试验分段

比较长的给水管道应分段试压，各段管道试验压力应一致。为了水压试验的可靠性和便于操作人员的互相联络及检查管道接口。每段长度一般不超过 1km，对湿陷性黄土地区，分段一般不超过 400m。过河、架桥及其特殊障碍物等特殊地段，可单独试压。

4）管端支撑

水压试验时，管段两端要封以试压堵板，堵板要求有足够的强度，试压过程中与管身的接头处不能漏水。堵板件接头和各种管道本身接口与后背有关。

根据施工经验，管径 $DN<400mm$，试验压力 1.0MPa，油麻石棉水泥接口，可不必在堵板外设支撑。实际试压时，作为安全措施，可把后座土与管子中心垂线切平。

5）管道试压后背和管件支墩

A. 用天然土壁作管道试压后背，一般在试压管道的两端各留一段长 7～10m 的沟槽原状土不挖，作为试压后背，预留土墙后背要求墙面平整并与管道轴线垂直。

当后背土质松软时，可采取加大后背受力面积，砌砖墙或浇筑混凝土及钢筋混凝土墙、板桩，或换土夯实的方法进行加固，以保证试压工作安全进行。

如遇浅槽后背受力面积不够时，可将后背受力面向两侧及深处扩大，砌墙及墙后分层还土夯实加高的方法也可满足试压的要求。

B. 管径 $DN<500mm$ 的刚性接口承插铸铁管道，可用已安装的管段作后背，但长度不宜小于 30m，并必须填土夯实。纯柔性接口的管段，不得作为试压后背。

C. 管件支墩应能抵消管道推力，保证管道正常运行，所做支墩尺寸不应小于设计尺寸，并能满足管道试压的要求。支墩外侧应紧贴原土；遇地下水时，排水后支墩底部应铺设 10cm 厚卵石；支墩混凝土须达到设计强度之后方可进行管道试压。

D. 从管头盖堵至后背墙的传力段，可用圆木、管子等材料。

对于管径较大，试验压力也较大时，会使土后背墙发生弹性压缩变形，从而导致接口破坏。为了解决这个问题，常用螺旋式千斤顶（如图 6-7 所示），即对后背施加预压力，使后背产生一定的压缩变形，但应注意加力不可过大，以防止接口破坏。

（2）水压试验设备

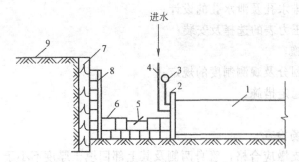

图 6-7　给水管道水压试验后背

1—试验管段；2—法兰盖堵；3—压力表；4—进水管；5—千斤顶；
6—顶铁；7—方木；8—铁板；9—后背墙

1）弹簧压力表。压力表的表面直径 150mm，表盘刻度上限值宜为试验压力的 1.3～1.5 倍，表的精度不低于 1.5 级，使用前应校正，数量不少于两块。

2）试压泵。泵的扬程和流量应满足试压管段压力和渗水量的需要。一般小口径管道可用手压泵，大、中口径管道多用电动柱塞式组合泵（泵车），还可根据需要选用相应的多级离心泵。

3）排气阀。排气阀宜采用自动排气阀。排气阀应启闭灵活，严密性好。排气阀应装在管道纵断面起伏的各个最高点，长距离的水平管道上也应考虑设置；在试压管段中，如有不能自由排气的高点，应设置排气孔。

（3）管道注水（灌水）

水压试验前的各项工作完成后，即可向试验管段内注水（灌水）。

1）管道注水时，应将管道上的排气阀、排气孔全部开启进行排气，如排气不良（加压时常出现压力表表针摆动不稳，且升压较慢），应重新进行排气。排出的水流中不带气泡，水流连续，速度均匀时，表明气已排净。

2）注满水后，宜保持 0.2～0.3MPa 水压（不得超过工作压力），充分浸泡。然后对所有支墩、接口、后背、试压设备和管路进行全面检查修整。

（4）管道泡管

管道注水后，应进行一定时间的泡管，使管内壁和管道接口充分吸水，以保证水压试验的精确。泡管的时间如下：

1）普通铸铁管、球墨铸铁管、钢管无水泥砂浆衬里者不小于 24h；有水泥砂浆衬里不小于 48h。

2）给水硬聚氯乙烯管不小于 48h。

3）预应力、自应力钢筋混凝土管，当管径 $DN < 100mm$ 时不小于 48h。

（5）水压试验方法

给水管道的水压试验方法有落压试验（水压强度试验）和水压严密性试验（渗漏水量试验）两种。

水压试验前，应彻底排除管内气体。开始水压试验时，应逐步升压，每次升压以 0.2MPa 为宜，每次升压后，检查没有问题，再继续升压；升压接近试验压力时，稳压一段时间，然后升至试验压力。

1）落压试验（水压强度试验）

落压试验又称压力表试验，常用于管径 $DN<400mm$ 的小管径水压强度试验。试验装置如图 6-8 所示。

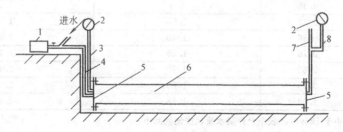

图 6-8　落压试验设备布置示意

1—手摇泵；2—压力表；3—压力连接管；4—进水管；
5—盖板；6—试验管段；7—放气管；8—连接管

对于管径 $DN<400mm$ 的管道，在试验压力下，10min 降压不大于 0.05MPa 为合格。

2）水压严密性试验（渗漏水量试验）

水压严密性试验又称渗漏水量试验。渗漏水量试验是根据在同一管段内，压力相同，降压相同，则其漏水总量亦应相同的原理，来检查管道的漏水情况。漏水量试验如图6-9 所示。

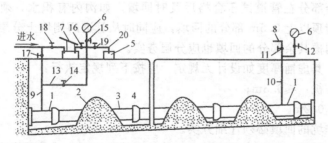

图 6-9　漏水量试验

1—封闭端；2—回填土；3—试验管段；4—工作坑；5—水筒；6—压力表；
7—手摇泵；8—放气口；9—进水筒；10、13—压力表连接管；11、
12、14、15、16、17、18、19—阀门；20—水龙头

试验时，先将水压升至试验压力，关闭进水闸门，停止加压，记录水压下降 0.1MPa 所需的时间 T_1；然后打开进水闸门再将水压重新升至试验压力，停止加压并打开放水龙头放水至量水容器，降压 0.1MPa 为止，记录所需时间为 T_2，放出的水量为 W（L）。

根据前后压降的相同，漏水量亦相同原理，则有：

$$T_1 q_1 = T_2 q_2 + W$$

而

$$q_1 \approx q_2$$

则

$$q = W/(T_1 - T_2)$$

当漏水率 q 不超过表 6-10 规定值时，即认为试验合格。

2.3.6　给水管道的水质检查

饮用水管道试压合格后，应进行水质检验。先用自来水将管道内部冲洗干净（宜安排在城市用水量较小，管网水压较高的时间内进行），然后存水 24h，取出管内水样进行化

管径(mm)	钢制	普通铸铁管球墨铸铁管	预应力、自应力钢筋混凝土管
100	0.28	0.70	1.40
125	0.35	0.9	1.56
150	0.42	1.05	1.72
200	0.56	1.40	1.98
250	0.70	1.55	2.22
300	0.85	1.70	2.42
350	0.90	1.80	2.62
400	1.00	1.95	2.80

注：试验管段长度小于 1km 时，表中允许漏水量就按比例减小。

验。在 1L 水中大肠杆菌不超过 3 个和 1mL 水中细菌总数不超过 100 个为合格。否则需要用氯消毒。采用含氯量为 25%～30% 的漂白粉，浓度冬季为 2%，夏季为 1%，使管内每升水活性氯含量达 30～50mg。消毒时，将漂白粉溶液压入管内，浸泡 12～24h 放掉，用清水冲洗至含氯量符合规定值，再用水浸泡 12h 后进行化验，直至全部合格为止。

2.3.7　填土

沟槽在管道敷设完毕应尽快回填，一般分为两个步骤：

（1）管道两侧及管顶以上不小于 0.5m 的土方，管道安装完毕即行回填，接口处留出，但其底部管基必须填实。

（2）沟槽其余部分在管道试压合格后及时回填。如沟内有积水，须全排尽，再行回填。管道两侧及管顶以上 0.5m 部分的回填，应同时从管道两侧填土分层夯实，不得损坏管子及防腐层。沟槽其余部分的回填也应分层夯实。

分层夯实时，其虚铺厚度如设计无规定，应按下列规定执行：

使用动力打夯机：≤0.3m；

人工打夯：≤0.2m。

管子接口工作坑的回填必须仔细夯实。

位于道路下的管段，沟槽内管顶以上部分的回填应用砂土或分层夯实。

用机械回填管沟时，机械不得在管道上方行走。距管顶 0.5m 范围内，回填土不允许含有直径大于 100mm 的块石或冻结的大土块。

2.4　成品保护

（1）管材、管件、阀门及消火栓搬运和堆放要避免碰撞损伤。

（2）在管道安装过程中，管道未捻口前应对接口处做临时封堵；中断施工或工程完工后，凡开口的部位必须有封闭措施，以免污物进入管道。

（3）管道支墩、挡墩应严格按设计或规范要求设立。

（4）刚打好口的管道，不能随意踩踏、冲撞和重压。

（5）阀门、水表井要及时砌好，以保证管道附件安装后不受损坏。

（6）管道穿铁路、公路基础时要加套管或设管沟。

（7）埋地管道要避免受外荷载破坏而产生变形。水压试验要密切注意系统最低点的压力不超过管道附件的承受能力。试压完毕后要排尽管内存水。放水时，必须先打开上部的排气阀；天气寒冷时，一定要及时泄水，防止受冻。

（8）地下管道回填土时，为防止管道中心线位移或损坏管道，应用人工先在管子周围填土夯实，并应在管道两边同时进行，直至管顶 0.5m 以上时，在不损坏管道的情况下，方可用机械夯实。

2.5 施工时应注意的质量问题

（1）在任何情况下，不允许沟内长时间积水，并应严防浮管现象。

（2）阀门井深度不够，原因是埋地管道坐标及标高不准。

（3）管道支（挡）墩不应建立在松土上，其后背应紧密地同原土相接触。如无条件靠在原土上，应采取相应措施保证支墩在受力情况下不致破坏管道接口。

（4）注意防止给水铸铁管出现裂纹或破管。室外给水铸铁管在进行水压试验时，或投入运行时，时常因管内空气排除不尽而造成严重的水击现象，水击的冲击波往往足以在瞬间达到破坏铸铁管本身强度，造成管道的局部破裂。给水铸铁管在无坡度时，水压试验应设置排气装置；而在整个管网运行中，应随地形及敷设深度，在管网系统的最高点设置双筒排气阀，或用室外消火栓代替排气装置，以保证系统在运行中不致出现管道破裂事故。

一旦出现管身破裂时，首先应停水，并将水排空，更换管道。

如果是局部小范围破裂时，可采用钢箍或打卡箍等进行处理。处理时，应将裂纹首尾各钻一小孔，主要目的是防止裂纹继续扩展。将内径大于铸铁管外径 15～20mm 的钢管一剖两半，钢管长度应大于裂纹长度，扣紧在裂纹处，再将钢箍焊成一体；钢箍与铸铁管壁之间的间隙，可填塞石棉水泥或膨胀水泥，这种方法只限于较小裂纹的处理。

（5）室外给水管道冬季施工时应注意以下几点：

1）进行石棉水泥接口时，应用 50℃以上的温水拌合填料；如用膨胀水泥接口时，水温不应超过 35℃。

2）气温低于 −5℃时，不宜进行以上两种填料接口。

3）接口完毕后，可采用盐水拌合的粘泥封口养护，并覆盖好草帘子；也可用不冻土填埋接口处保温。

4）试压时，应将暴露的管子或接口用草帘子盖严，无接口处管身回填，试压完毕应尽快将水放净。

2.6 室外给水管道安装的施工及验收规范

2.6.1 一般规定

（1）输送生活给水的管道应采用塑料管、复合管、镀锌管或给水铸铁管。塑料管、复合管或给水铸铁管的管材、管件应是同一厂家的配套产品。

（2）塑料管不得露天架空铺设，必须露天架空敷设时应有保温和防晒等措施。

2.6.2 主控项目

（1）给水管道在埋地敷设时，应在当地的冰冻线以下，如必须在冰冻线以上敷设时，应做可靠的保温防潮措施。如无冰冻地区，埋地敷设时，管顶的覆土埋深不得小于 500mm，穿越道路部位的埋深不得小于 700mm。

检验方法：现场观察检查。

（2）给水管道不得直接穿越污水井、化粪池、公共厕所等污染源。

检验方法：观察检查。

（3）管道的接口法兰、卡口、卡箍等应安装在检查井或地沟内，不应埋在土中。

检验方法：观察检查。

（4）给水系统的各种井室内的管道安装，如设计无要求，井壁距法兰或承口的距离：管径小于或等于450mm时，不得小于250mm；管径大于450mm时，不得小于350mm。

检验方法：尺量检查。

（5）管网必须进行水压试验，试验压力为工作压力的1.5倍，但不得小于0.6MPa。

检验方法：管材为钢管、铸铁管时，试验压力下10min内的压力降不应大于0.05MPa，然后降至工作压力进行检查，压力应保持不变，不渗、不漏；管材为塑料管时，试验压力下，稳压1小时压力降不大于0.05MPa，然后降至工作压力进行检查，压力应保持不变，不渗、不漏。

（6）镀锌钢管、钢管的埋地防腐必须符合设计要求，如设计无规定时，可按表6-11的规定执行。卷材与管材间应粘贴牢固，无空鼓、滑移、接口不严等现象。

检验方法：观察和切开防腐层检查。

管道防腐层种类 表 6-11

防腐层层次 （从金属表面起）	正常防腐层	加强防腐层	特级加强防腐层
1	冷底子油	冷底子油	冷底子油
	沥青涂层	沥青涂层	沥青涂层
2	外包保护层	加强包扎层	加强保护层
3		（封闭层）	（封闭层）
4		沥青涂层	沥青涂层
5		外包保护层	加强包扎层
6			（封闭层）
7			沥青涂层
8			外包保护层
防腐层厚度不小于(mm)	3	6	9

（7）给水管道在竣工后，必须对管道进行冲洗，饮用水管道还要在冲洗后进行消毒，满足饮用水卫生要求。

检验方法：观察冲洗水的浊度，查看有关部门提供的检验报告。

2.6.3 一般项目

（1）管道的坐标、标高、坡度应符合设计要求，管道安装的允许偏差应符合表6-12的规定。

室外给水管道安装的允许偏差和检验方法 表 6-12

项 次	项 目			允许偏差(mm)	检验方法
1	坐标	铸铁管	埋地	100	拉线和尺量检查
			敷设在沟槽内	50	
		钢管、熟料管、复合管	埋地	100	
			敷设在沟槽内或架空	40	
2	标高	铸铁管	埋地	±50	用水平仪、拉线和尺量检查
			敷设在沟槽内	±30	
		钢管、熟料管、复合管	埋地	±50	
			敷设在沟槽内或架空	±30	
3	水平管纵横向弯曲	铸铁管	埋地	40	拉线和尺量检查
			敷设在沟槽内		
		钢管、熟料管、复合管	埋地	30	
			敷设在沟槽内或架空		

（2）管道和金属支架的涂漆应附着良好，无脱皮、起泡、流淌和漏涂等缺陷。

检验方法：现场观察检查。

（3）管道连接应符合工艺要求，阀门、水表等安装的位置应正确。塑料给水管道上的水表、阀门等设施其重量或启闭装置的扭矩不得作用于管道上，当管径 $De \geqslant 50mm$ 时必须设独立的支撑装置。

检验方法：现场观察检查。

（4）给水管道与污水管道在不同标高平行敷设，其垂直间距在 500mm 以内时，给水管管径小于或等于 200mm 的，管壁水平间距不得小于 1.5m；管径大于 200mm 的，不得小于 3m。

检验方法：观察和尺量检查。

（5）铸铁管承插捻口连接的对口间隙应不小于 3mm，最大间隙不得大于表 6-13 的规定。

铸铁管承插捻口的对口最大间隙（mm）　　　　　表 6-13

管　径(mm)	沿 直 线 敷 设	沿 曲 线 敷 设
75	4	5
100～250	5	7～13
300～500	6	14～22

检验方法：尺量检查。

（6）铸铁管沿直线敷设，承插捻口连接的环形间隙应符合表 6-14 的规定；沿曲线敷设，每个接口允许有 2°转角。

铸铁管承插捻口的环形间隙（mm）　　　　　表 6-14

管　径(mm)	标准环形间隙	允　许　偏　差
75～200	10	$-2 \leqslant \delta \leqslant +3$
250～400	11	$-2 \leqslant \delta \leqslant +4$
500	12	$-2 \leqslant \delta \leqslant +4$

检验方法：尺量检查。

（7）捻口用的油麻填料必须清洁，填塞后应捻实，其深度应占整个环型间隙深度的 1/3。

检验方法：观察和尺量检查。

（8）捻口用的水泥强度应不低于 32.5MPa，接口水泥应密实饱满，其接口水泥凹入承口边沿深度不得大于 2mm。

检验方法：观察检查。

（9）采用水泥捻口的给水铸铁管，在安装地点有侵蚀性的地下水时，应在接口处涂抹沥青防腐层。

检验方法：观察检查。

（10）采用橡胶圈接口的埋地给水管道，在土壤或地下水对橡胶圈有腐蚀的地段，在回填土前应用沥青胶泥、沥青麻丝或沥青锯末等材料封闭橡胶圈接口。橡胶圈接口的管道，每个接口的最大偏转角不得超过表 6-15 的规定。

检验方法：观察和尺量检查。

橡胶圈接口最大允许转角　　　　　表 6-15

公称直径(mm)	100	125	150	200	250	300	350	400
允许最大转角	5°	5°	5°	5°	4°	4°	4°	4°

课题 3   居住小区排水工程安装

3.1   居住小区排水管道的管材及附属设施

3.1.1   管材选用

排水管道材料应就地取材，常采用混凝土管、钢筋混凝土管和建筑排水用硬聚氯乙烯管。穿越管沟、河流等特殊地段或承压的地段可采用钢管和铸铁管。输送腐蚀性污水的管道必须采用耐腐蚀的管材，其接口及附属构筑物也必须采取防腐措施。

3.1.2   管网附属设施

（1）检查井

排水管道与建筑内排出管连接处、管道交汇处、转弯、跌水、管径或坡度改变处，以及直线管段上每隔一定距离处（其最大距离可按表 6-16 确定），应设检查井。检查井的尺寸和构造可参照标准图。

检查井最大间距   表 6-16

管 径（mm）	最 大 间 距（m）	
	污 水 管 道	雨水和污水合流管道
150	20	—
200～300	30	30
400	30	40
≥500	—	50

（2）雨水口的设置

雨水口是收集地面雨水的构筑物，小区内雨水不能及时排除或低洼处形成积水往往是由于雨水口布置不当造成的。小区内雨水口的布置一般根据地形、建筑物和道路布置情况确定。在道路交汇处、建筑物单元出入口附近、建筑物雨落管附近以及建筑物前后空地和绿地的低洼点处宜设雨水口。雨水口沿街道布置间距一般为 20～40m，雨水口连接管长度不超过 25m。

3.2   排水管道的布置和敷设

3.2.1   排水管道的布置与敷设

（1）排水管道的布置应根据小区总体规划、道路和建筑的布置、地形、污水去向等约束条件，力求管线短、埋深小、自流排水。

（2）排水管道宜沿道路和建筑物的周边呈平行敷设。排水管道与建筑物基础的水平净间距为：当管道埋深浅于基础时应不小于 1.5m；当管道埋深深于基础时应不小于 2.5m。排水管道相互之间以及与其他管线之间的水平净距可按表 6-1 采用。

（3）排水管道中敷设应尽量减少相互之间以及与其他管线的交叉。污水管道与生活给水管道相交叉时，应敷设在给水管道下面。其相互间以及与其他管线的垂直净距可按表 6-1 采用。

（4）排水管道转弯和交接处，水流转角应不小于 90°，当管径小于等于 300mm，且跌水水头大于 0.3m 时可不受此限制。各种不同直径的排水管道在检查井的连接宜采用管顶平接。

（5）排水管道的管顶最小覆土厚度应根据外部荷载、管材强度和土壤冰冻因素，结合当地埋管的经验确定。在车行道下一般不宜小于 0.7m，否则，应采取保护措施。当管道不受冰冻和外部荷载影响时，最小覆土厚度不宜小于 0.3m。

3.2.2 小区雨水管道系统的布置

雨水管渠系统设计的基本要求是通畅、及时的排走居住小区内的暴雨径流量。根据城市规划要求，在平面布置上尽量利用自然地形坡度，以最短的距离靠重力流排入水体或城镇雨水管道。雨水管道应平行道路敷设且布置在人行道或花草地带下，以免积水时影响交通或维修管道时破坏路面。

3.3 居住小区排水管道安装

室外排水管道安装操作工艺流程如下：

下管前管材检验→检查沟底标高和管道基础→检验下管机具和绳索→下管→接口→闭水试验。

3.3.1 混凝土管道安装

（1）管道基础

排水管道基础的好坏，对排水工程的质量有很大影响。目前常用的管道基础有：砂土基础、混凝土枕基、混凝土带形基础。

1）砂土基础。砂土基础包括弧形素土基础及砂垫层基础两种，如图 6-10（a）、（b）所示。适用于套环及承插接口管道。

弧形素土基础是在原土层上挖一弧形管槽，管子落在弧形管槽内。

砂垫层基础是在挖好的弧形槽内铺一层粗砂，砂垫层厚度通常为 100～150mm。

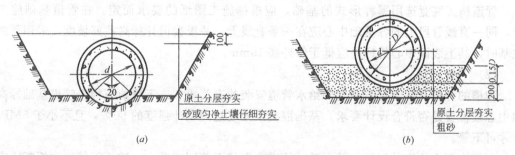

(a)   *(b)*

图 6-10 砂土混凝土管道基础

（a）弧形素土基础；（b）砂垫层基础

注：1. 适用于干燥土壤；   注：1. 适用于岩石或多石土壤；
     2. 陶土管 $d \leqslant 450$mm；承插混凝土管 $d \leqslant 600$；   2. 陶土管 $d \leqslant 450$mm；承插混凝土管 $d \leqslant 600$mm。
     3. $2a$ 按设计决定。

2）混凝土枕基

混凝土枕基是设置在管道接口处的局部基础，通常在管道接口下用 75 号混凝土做成枕状垫块，适用于管径 $d \leqslant 600$mm 的承插接口管道及管径 $d \leqslant 900$mm 的抹带接口管道。

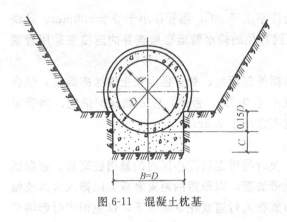

图 6-11　混凝土枕基

枕基长度等于管道外径，其宽度一般为 200～300mnm，如图 6-11 所示。

3）混凝土带形基础

混凝土带形基础是沿管道全长铺设的基础。按管座形式分为 90°、135°、180°三种，90°混凝土带形基础如图 6-12 所示。施工时，先在基础底部垫 100mm 厚的砂砾石，然后在垫层上浇灌 C10 级混凝土。混凝土带形基础的几何尺寸应按施工图的要求确定。

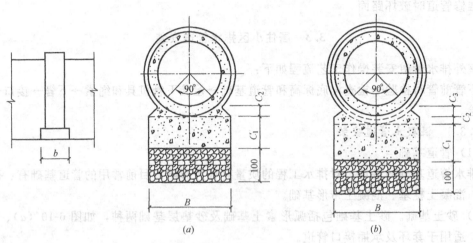

图 6-12　90°混凝土带形基础
(a) 抹带接口式；(b) 套环接口式或承插接口式

管道施工究竟选用哪种形式的基础，应根据施工图纸的要求而定。在管道基础施工时，同一直线管段上的各基础中心应在一条直线上，并根据设计标高找好坡度。采用预制枕基时，其上表面中心的标高应低于管外底 10mm。

（2）下管

沟槽的开挖及散管可参照室外给水管道安装的有关要求。下管前应检查管道基础标高和中心线位置是否符合设计要求，基础混凝土强度达到设计强度的 50%，且不小于 5MPa 时才可下管。

下管由两个检查井间的一端开始，管道应慢慢下落到基础上，防止下管绳索折断或突然冲击砸坏管基。管道进入沟槽内后，马上进行校正找直。校正时，管道接口一般保留一定间隙。管径 $d<600$mm 的平口或承插口管道应留 10mm 间隙；管径 $d \geqslant 600$mm 时，应留有不小于 3mm 的对口间隙。待两检查井的管道全部下完，对管道的设置位置、标高进行检查，确实无误后，再进行管道接口处理。

（3）接口

室外排水管道的接口形式有承插接口、平口接口及套箍接口三种。

1）承插接口

带有承插接口的排水管道连接时，承口应迎着水流方向，可采用沥青油膏或水泥砂浆填塞承口。沥青油膏的配合比（重量比）为：6 号石油沥青 100，重松节油 11.1，废机油 44.5，石棉灰 77.5，滑石粉 119。调制时，先把沥青加热至 120℃，加入其他材料搅拌均匀，然后加热至 140℃即可使用。施工时，先将管道承口内壁及插口外壁刷净，涂冷底子油一道，再填沥青油膏。采用水泥砂浆作为接口填塞材料时，一般用 1：2 水泥砂浆。施工时应将插口外壁及承口内壁刷干净，然后将和好的水泥砂浆由下往上分层填入捣实，表面抹光后覆盖湿土或湿草袋养护。

敷设小口径承插管时，可在稳好第一节管段后，在下部承口上垫满灰浆，再将第二节管插入承口内稳好。挤入管内的灰浆用于抹平内口，多余的清除干净。接口余下的部分应填灰打严或用砂浆抹平。按上述程序将其余管段敷完。

2）平口和企口管子接口

平口和企口管子均采用 1：2.5 水泥砂浆抹带接口。抹带工作必须在八字枕基或包接头混凝土浇筑完后进行。操作前应将管接口处进行局部处理，管径 $d \leqslant 600mm$ 时，应刷去抹带部分管口浆皮；管径 $d > 600mm$ 时，应将抹带部分的管口凿毛刷净，管道基础与抹带相接处混凝土表面也应凿毛刷净，使之粘接牢固。抹带时，应使接口部位保持湿润状态，先在接口部位抹上一层薄薄的素灰浆，并分两次抹压，第一层为全厚的 1/3，抹完后在上层割划线槽使其表面粗糙，待初凝后再抹第二层，并赶光压实。抹好后立即覆盖湿草袋并定期洒水养护，以防龟裂。

排水管道抹带接口操作中，如遇管端不平，应以最大缝隙为准。接口时不应往管缝内填塞碎石、碎砖，必要时应塞麻绳或管内加垫托，待抹完后再取出。抹带时，禁止在管上站人、行走或坐在管上操作。

3）套箍接口

采用套箍接口的排水管道下管时，稳好一根管子，立即套上一个预制钢筋混凝土套箍。接口一般采用石棉水泥作填充材料，接口缝隙处填塞一圈油麻，如图 6-13 所示。接口时，先检查管子的安装标高和中心位置是否符合设计要求，管道是否稳定，然后调整套箍，使管子接口处于套箍正中。套箍与管外壁间的环形间隙应均匀，套箍和管子的接合面要用水冲刷干净，将油麻填入套箍中心，再把和好的石棉水泥用捻口凿自下而上填入套箍缝内。石棉水泥的

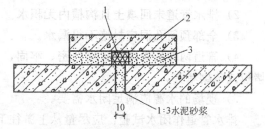

图 6-13　排水管预制套环接口
1—油麻；2—预制钢筋混凝土套环；3—石棉水泥

配合比（重量比）为：水：石棉：水泥＝1：3：7。水泥强度等级应不低于 32.5 级，且不得采用膨胀水泥，以防套箍胀裂。打灰口时，应使每次捻口凿重叠一半。打好的的灰口与套箍边口齐平，环形间隙均匀，填料凹入接口边缘不得大于 5mm。管径 $d > 700mm$ 的管道，对口处缝隙较大时，应在管内缝用草绳填塞，待打完外部灰口后，再取出内部草绳，用 1：3 水泥砂浆将内缝抹平抹严。打完的灰口应立即用湿草袋盖好，并定期洒水养护 2～3d。

采用管箍接口的排水管道应先做接口，后做接口处混凝土基础。

敷设在地下水位以下且地基较差、可能产生不均匀沉陷地段的排水管，在用预制套箍

接口时，接口材料应采用沥青砂浆。沥青砂浆的配制及接口操作方法应按施工图纸要求。

在有浸蚀性土壤或水中，管道接口应使用耐腐蚀性的水泥。

3.3.2 石棉水泥管道安装

管道安装与混凝土管道一样，但使用管箍作接口时，可填水泥砂浆。

3.3.3 陶土管（缸瓦管）安装

陶土管一般采用承插连接，接口填料用水泥和砂按 1∶1 配合比（重量比）填实接口即可。

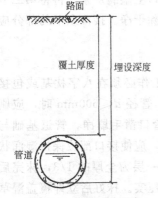

图 6-14　管道埋设深度
与覆土厚度

3.3.4 排水管道埋设深度和坡度

排水管道施工图中所列的管道标高均指管道内底标高。管道的埋深要符合设计要求或规范规定。排水管的埋设深度包括覆土厚度及埋设深度两种含意，如图 6-14 所示。覆土厚度指管道外壁顶部到地面的距离；埋设深度指管道内壁底到地面的距离。

对生活污水、生产废水（污水）、雨水管道敷设坡度的要求，应满足设计要求或规范规定。

3.3.5 室外排水管道闭水（气）试验

室外生活排水管道施工完毕，接口填料强度达到要求后，按规范要求应作闭水试验。直径为 300～800mm 的混凝土排水管道，如施工现场水源缺乏时，亦可采用闭气方法检验排水管道的严密性。

（1）试验前的检查

在排水管道作闭水试验前，应对管线及沟槽等进行检查，检查结果应符合以下条件：

1）排水管道及检查井的外观质量及"量测"检验均已合格。

2）排水管道未回填土且沟槽内无积水。

3）全部预留孔洞应封堵不得漏水。

4）管道两端的管堵应封堵严密、牢固，下游管堵设置放水管和闸门，管堵可用充气堵板或砖砌堵头。

5）现场的水源应满足闭水需要。

排水管道作闭水试验，应尽量从上游往下游分段进行，上游段试验完毕，可往下游段充水，逐段试验以节约用水。闭水试验的方法可分为带井闭水试验和不带井闭水试验两种，一般采用带井闭水试验。

管道及沟槽等具备了闭水条件，即可进行管道带井闭水试验，非金属排水管道试验分段长度不宜大于 500m。带井闭水试验如图 6-15 所示。

试验前，管道两侧管堵如用砖砌，必须养护 3～4d 达到一定强度后，再向闭水管段的检查井内注水。闭水试验的水位，应为试验段上游管内顶以上 2m，如井高不足 2m，将水灌至近上游井口高度。注水过程中，应检查管堵、管道、井身，若无渗漏，再浸泡管道检查井 1～2d，然后进行闭水试验。

（2）闭水试验

将水灌至规定的水位，开始记录，同时向管内注水，始终保持 2m 的作用水头；对渗

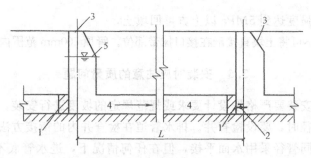

图 6-15 带井闭水试验

1—闭水堵头；2—放水管和阀门；3—检查井；

4—闭水管段；5—规定闭水水位

水量的测定时间为 30min，记录注水水量（记为 q），则渗水量计算公式为：

$$Q = 48000q/L$$

式中 Q——每公里管道每天渗水量 [$m^3/(km \cdot d)$]；

q——闭水管段 30min 的渗水量（m^3）；

L——闭水管段长度（m）。

当小于等于规定允许漏水量时，即为合格。做闭水试验，观察时间不应少于 30min，允许漏水量见表 6-17 的规定。

1000m 长的管道在一昼夜内允许的渗出或渗入水量 [$m^3/(km \cdot d)$]   表 6-17

管径 DN(mm)	<150	200	250	300	350	400	450	500	600
钢筋混凝土管、混凝土管、石棉水泥管	7.0	20	24	28	30	32	34	36	40
陶土管(缸瓦管)	7.0	12	15	18	20	21	22	23	23

如污水管道排出有腐蚀性污水时，管道不允许有渗漏；雨水管道及与其性质相似的管道，除湿陷性黄土及水源地区外，可不做渗水量试验。

闭水试验完毕后应及时将水排出。

3.3.6 管沟回填土

在闭水试验完成，并办理"隐蔽工程验收记录"后，即可进行回填土。

(1) 管顶上部 500mm 以内不得回填直径大于 100mm 的块石和冻土块；500mm 以上部分回填块石或冻土不得集中；用机械回填，机械不得在管沟上行驶。

(2) 回填土应分层夯实。虚铺厚度：机械夯实不大于 300mm；人工夯实不大于 200mm。管道接口坑的回填必须仔细夯实。

3.4 成品保护

(1) 钢筋混凝土管、混凝土管、石棉水泥管、陶土管均承受外压较差，易损坏，所以搬运和安装过程中不能碰撞，不能随意滚动，要轻放，尤其是陶土管不能随意踩踏或在管道上压重物。

(2) 管道施工完毕符合要求后，应及时进行回填，严禁晾沟。浇筑混凝土管墩、管座时，应待混凝土的强度达到 5MPa 以上方可回填土。

（3）填土时，不可将土块直接砸在接口抹带部位。管顶 500mm 范围内，应采用人工夯实。

3.5 安装时应注意的质量问题

（1）排水管道安装要严格按设计要求或规范规定的坡度进行安装。

（2）排水管变径时，要设检查井。排水管道在检查井内的衔接方法：通常，不同管径采用管顶平接，相同管径采用水面平接，但在任何情况下，进水管底不能低于出水管底。排水管道在直管管段处为方便定期维修及清理疏通管道，每隔 30～50m 设置一处检查井；在管道转弯处、交汇处、坡度改变处，均应设检查井。

（3）产生排水管道漏水现象的原因：1）管沟超挖后，填土不实或沟底石头未打平，管道局部受力不均匀而造成管材或接口处断裂或活动；2）管道接口养护不好，强度不够而又过早摇动，使接口产生裂纹而漏水；3）未认真检查管材是否有裂纹、砂眼等缺陷，施工完毕又未进行闭水试验，造成通水后渗水、漏水；4）管沟回填土未严格执行回填土操作程序，随便回填而造成局部土方塌陷或硬土块砸裂管道；5）冬季施工做完闭水试验时，未能及时放净水，以致冻裂管道造成通水后漏水。

3.6 室外排水管道施工时的质量要求及验收规范

3.6.1 一般规定

（1）本部分内容适用于民用建筑群（住宅小区）及厂区的室外排水管网安装工程的质量检验与验收。

（2）室外排水管道应采用混凝土管、钢筋混凝土管、排水铸铁管或塑料管。其规格及质量必须符合现行国家标准及设计要求。

3.6.2 主控项目

（1）排水管道的坡度必须符合设计要求，严禁无坡和倒坡。

检验方法：用水准仪、拉线和尺量检查。

（2）管道埋设前必须做灌水试验和通水试验，排水应通畅，无堵塞，管接口无渗漏。

检验方法：按排水检查井分段试验，试验水头应以试验段上游管顶加 1m，时间不少于 30min，逐段观察。

3.6.3 一般项目

（1）管道的坐标和标高应符合设计要求，安装的允许偏差应符合表 6-18 的规定。

室外排水管道安装的允许偏差和检验方法

表 6-18

项 次	项 目		允许偏差（mm）	检验方法
1	坐标	埋地	100	拉线尺量
		敷设在沟槽内	50	
2	标高	埋地	±20	用水平仪、拉线和尺量
		敷设在沟槽内	±20	
3	水平管道纵向横向弯曲	每 5m 长	10	拉线尺量
		全长（两井间）	30	

（2）排水铸铁管采用水泥捻口时，油麻填塞应密实，接口水泥应密实饱满，其接口面凹入承口边缘且深度不得大于2mm。

检验方法：观察和尺量检查。

（3）排水铸铁管外壁在安装前应除锈，涂两遍石油沥青漆。

检验方法：观察检查。

（4）承插接口的排水管道安装时，管道和管件的承口应对着水流方向。

检验方法：观察检查。

（5）混凝土管或钢筋混凝土管采用抹带接口时，应符合下列规定：

1）抹带前应将管口的外壁凿毛，保持干净，当管径小于或等于500mm时，抹带可一次完成；当管径大于500mm时应分两次抹成，抹带不得有裂纹。

2）钢丝网应在管道就位前放入下方，抹压砂浆时应将钢丝网抹压牢固，钢丝网不得外露。

3）抹带厚度不得小于管壁的厚度，宽度宜为80～100mm。

检查方法：观察和尺量检查。

课题4　室外给水排水附属构筑物的施工

4.1　室外给水管网附属构筑物

4.1.1　阀门井

给水管网中各种附件一般应安装在阀门井内。

（1）阀门井的形式

按照井的外部形状，阀门井可分为矩形卧式和圆形立式两大类。圆形立式按操作方式可分为地面操作和井下操作两种。选择阀门井时，可根据所安装的附件类型、大小和路面材料来进行。

（2）阀门井的尺寸

阀门井的平面尺寸，取决于附件的种类、数量和水管的直径，深度则由水管的埋深确定。

（3）阀门井的施工方法和步骤

以圆形立式阀门井的形式为例。

圆形立式阀门井的建筑形式如图6-16、图6-17所示，主要尺寸见表6-19、表6-20，施工方法和步骤如下：

1）检查土建开挖阀门井的尺寸，平整地基。

2）采用C20钢筋混凝土底板，有地下水时，下铺100mm厚块石（或砾石）垫层，无地下水时，只需将底板下素土夯实，无论有无地下水，井底板均应设置集水坑。

3）管道穿越井壁或井底，须预留50～100mm的环缝，用油麻填塞并捣实，或用灰土填实，再用砂浆封面。沉降缝在管道上部应当预留稍大一些。

4）砌筑井室应在铺好管道、装好阀门后进行。砌筑时，应控制其建造尺寸。圆形立式阀门井建造尺寸的控制要求是：当 $DN=50～300mm$ 时，阀门法兰边距井壁、井底的

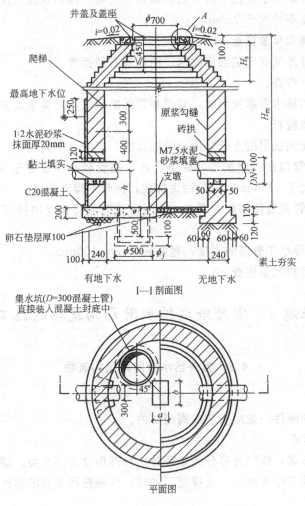

图 6-16 地面操作立式阀门井

H_m—最小井深；H_s—井口高度；h—管中心到井底高；ϕ_j—井室内径；

A—同图 6-17 节点 A；a—支墩宽度；b—支墩长度；$DN=75\sim1000$

地面操作阀门井尺寸 　　表 6-19

阀门直径 (mm)	井室内径 (mm)	最小井深(mm)		管中心到井底高 (mm)	收口砖层数
		阀门	手轮阀门		
75(80)	1000	1310	1380	438	3
100	1000	1380	1440	450	3
150	1200	1560	1630	475	5
200	1400	1690	1800	500	7
250	1400	1800	1940	525	7
300	1600	1940	2130	550	9
350	1800	2160	2350	675	11
400	1800	2350	2540	700	11
450	2000	2480	2850	725	13
500	2000	2660	2980	750	13

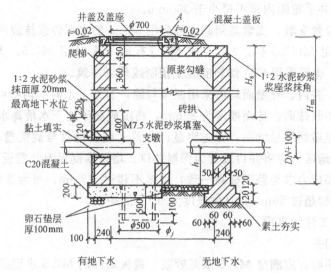

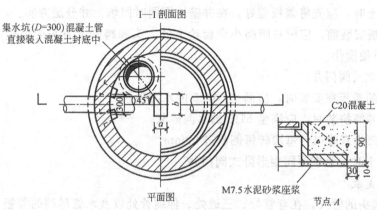

图 6-17 井下操作立式阀门井

H_m—最小井深；H_s—吸口高度；h—管中心到井底高；ϕ_j—井室内径；

a—支墩宽度；b—支墩长度；$DN=75\sim1000mm$

井下操作阀门井尺寸（mm） 表 6-20

阀 门 井 径	井 室 内 径	最 小 井 深	管中心到井底高
70(80)	1200	1440	440
100	1200	1500	450
150	1200	1630	470
200	1400	1750	500
250	1400	1880	525
300	1600	2050	550
350	1800	2300	675
400	1800	2430	700
450	2000	2680	725
500	2000	2740	750

距离为 400mm、300mm；当 $DN=350\sim1000mm$ 时，阀门法兰边距井壁、井底的距离为 600mm、400mm；地面操作立式阀门井，方头或手轮到井壁的垂直距离不小于 450mm；

井下操作的立式阀门井手轮距内顶不得小于 300mm。

5）闸阀下必须设置支墩，支墩与闸阀底部应用 M7.5 的水泥砂浆抹成八字，并填实。

6）井壁既可采用 MU7.5 砖，M7.5 或 M5（有地下水时用 M7.5，无地下水时用 M5）混合砂浆砌筑，也可采用 C20 钢筋混凝土预制或现场浇筑。

7）无地下水时，井内、外壁面均可采用原浆勾缝；有地下水时，内壁可用原浆勾缝，外壁则用 1∶2 水泥砂浆抹面，抹面厚度为 20mm，高度应高于地下水最高水位 250mm。

8）井盖的安装应做到型号统一，标志明显；井盖上配备提盖与撬棍槽；对室外温度小于或等于 −20℃ 的地区，应将井口设置为保温井口。增置木制保温井盖板。

9）盖板顶面标高应力求与路面标高一致，误差不超过 ±5mm，当为非路面时，井口需略高于路面，但不得超过 50mm，且做坡度为 0.02 的护坡。

（4）阀门井的施工注意事项

1）矩形卧式阀门井

A. 安装预制盖板时，应满坐 M7.5 水泥砂浆，盖板端部用 M7.5 水泥砂浆抹角。

B. 回填土时，应先将盖板盖好，在井壁周围同时回填，并分层夯实。

C. 在盖板安装前，应校对闸阀小伞齿轮上的方头和跨闸上方头的位置，确保方头套在井口内，以便操作。

2）圆形立式阀门井

A. 预制的盖板在安装时，应满坐 M7.5 的水泥砂浆。

B. 预制井筒拼装时，应满坐 M10 的水泥砂浆。

C. 井上部为双收口，每层砖每侧收进 50mm。

D. 回填土时注意事项同矩形卧式阀门井。

4.1.2 支墩

承插式接头的管线，在弯管处、三通处、伸缩管处以及水管尽端的盖板上，都会产生应力，支墩就是为承受应力而设。但对管径小于 300mm，或转变角度小于 5°～10°，且压力不大于 980kPa 的管线，因接头本身足以承受应力，可不设支墩。

（1）支墩的形式

支墩分水平方向弯管支墩、垂直向下弯管支墩、垂直向上弯管支墩等多种形式。图 6-18 为垂直向下弯管支墩。

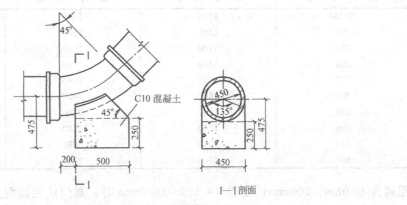

图 6-18　垂直向下弯管支墩

（2）支墩的施工方法和步骤

1）支墩不应修建在松土上，平整好地基后，再用 MU7.5 砖、M10 混凝土或浆砌块石进行砌筑。遇到地下水时，支墩底部应铺 100mm 厚的卵石或碎石层。

2）水平支墩后背土壤厚度受到限制时，最小厚度应不小于墩底在设计地面以下深度的 3 倍。

3）支墩的后背应为原状土，两者应紧密靠紧，若采用砖砌支墩，原状土与支墩间缝隙，应以砂浆填密实。

4）对于水平支墩，为防止管件与支墩发生不均匀沉陷，支墩与管件间需设置沉降缝，缝间垫一层油毡。

5）为保证弯管与支墩的一体性，向下弯管的支墩，可将管件上箍，钢箍以钢筋引出，与支墩浇筑在一起，钢箍的钢筋应指向弯管的弯曲中心，钢筋露在支墩外面部分，应具有不小于 50mm 厚的 1∶3 水泥砂浆保护层；向上弯曲的弯管支墩应嵌入支墩，嵌进部分中心角不宜小于 135°。

6）垂直向下弯管支墩内的直管段应内包玻璃布一层，缠草绳两层，再包玻璃布一层。

（3）支墩的施工注意事项

支墩施工时，应注意如下几点：

1）在管径大于 700mm 的管线上选用弯管，水平设置时，应避免使用 90°弯管；垂直设置时，应避免使用 45°弯管。

2）支墩的尺寸一般随着覆土深度的增加而减小。

3）混凝土必须达到设计强度，方能进行管道水压试验。

4）水平支墩试压前，管顶的覆土深度应大于 0.5m，回填土应分层夯实。

4.2　排水管渠附属构筑物

4.2.1　检查井

检查井设置在管渠交汇、转弯、管渠尺寸或坡度改变、跌水等处以及相隔一定距离的直线管渠段上，以便于管渠系统作定期检查和清通。

（1）检查井的形式

按井身的平面形状，可将检查井分为圆形、矩形两种。当管径小于 600mm 时，多用圆形，直径为 600～1500mm 时，采用矩形。

（2）检查井的尺寸

检查井间的最大距离，可按表 6-21 的规定执行。圆形检查井主要由井底（包括基础）、井身和井盖（包括井盖座）组成，如图 6-19 所示。

井的直径取决于管径和操作方法，井身高度取决于管道的埋深。

（3）检查井的施工方法和步骤

检查井的施工方法和步骤如下：

1）检查土建开挖检查井的尺寸，平整地基。

2）采用 C10 混凝土底板，下铺 100mm 厚碎石（或碎砖），并夯实。

3）有地下水时，井身宜用 MU10 砖、M7.5 混合砂浆砌筑；无地下水时，可用 MU7.5 砖、M5 混合砂浆砌筑。无论有、无地下水，均可采用 Q235 钢筋、C20 混凝土预

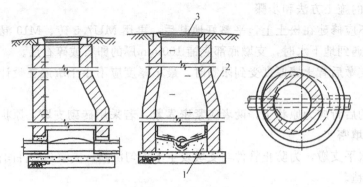

图 6-19　圆形检查井

1—井底；2—井身；3—井盖

检查井间的最大距离　　　　　　　　　　　　　　　　　表 6-21

管 道 类 别	管径或暗渠净高(mm)	最大间距(m)
污水管道	<500	40
	500～700	50
	800～1500	75
	>1500	100
雨水管渠和合流管	<500	50
	500～700	60
	800～1500	100
	>1500	120

制或用 Q235 钢筋、C15 混凝土浇筑，构件制作误差不得超过±5mm。

4）井身施工的同时，应安装好爬梯和井盖座。爬梯用 $\phi6$ 钢筋制作，并作防腐处理，周围孔隙用 1∶2 水泥砂浆封死。盖座采用铸铁、钢筋混凝土或混凝土衬料制作均可。

5）洗刷检查井底板及井壁，进行流槽的施工。流槽两侧至检查井壁间的井台应有 0.02～0.03 的坡度，宽度为 200mm 以上。

6）井身缝隙处，应用原浆勾缝。对于砖砌污水管道或合流制管道，检查井内壁应抹至工作室顶板底或管顶上 2000mm 以上，雨水管道检查井抹至流槽上 200mm；井外壁在有地下水时，可抹至最高水位以上 200mm。对于钢筋混凝土预制井筒，内外不抹面，砖砌部分内壁抹至砖砌体上 20mm，外壁在有地下水时，抹至砖砌体上 100mm。抹面时，采用 1∶2 水泥砂浆，抹面厚度应达 20mm。

7）检查井井盖可采用铸铁或钢筋混凝土材料，在车行道上一般采用铸铁。为防止雨水流入，盖顶略高出地面。

（4）检查井的施工注意事项

检查井施工时应注意以下几点：

1）排水检查井内需做流槽，应用混凝土或用砖砌筑，并用水泥砂浆抹光。流槽的高度等于引入管中的最大管径，允许偏差为±10mm。流槽下部断面为半圆形，其直径同引入管管径。流槽上部应做垂直墙，其顶面应有 0.05 的坡度。排出管同引入管直径不相等，流槽应按两个不同直径做成渐扩形。弯曲流槽同管口连接处应有 0.5 倍直径的直线部分，弯曲部分为圆弧形，管端应同井壁内表面齐平。管径大于 500mm，弯曲流槽同管口的连接形式应由设计确定。

2) 污水管道的检查井流槽顶部与管顶平齐，或与 0.85 倍大管管径处相平。

3) 雨水管渠和合流管渠的检查井流槽顶可与 0.5 倍大管管径处相平。

4) 检查井的流槽转弯角度多选用 90°～119°及 120°～135°两种。

5) 在高级和一般路面上，井盖上表面应同路面相平，允许偏差为±5mm。无路面时，井盖应高出室外设计标高 50mm，并应在井口周围以 0.02 的坡度向外做护坡。如采用混凝土井盖，标高应以井口计算。用铸铁井盖，应与其他管道井盖有明显区别，重型和轻型井盖不得混用。

6) 管道穿过井壁处，应严密、不漏水。

4.2.2　雨水口

雨水口是在雨水管渠或合流管渠上收集雨水的构筑物。

(1) 雨水口的形式

雨水口构造包括进水箅、井筒和连接管三部分，如图 6-20 所示。

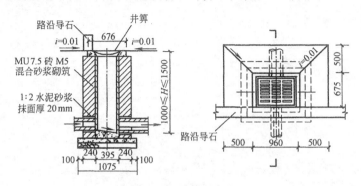

图 6-20　平箅雨水口

雨水口按进水箅在街道上的设置位置可分为边沟雨水口（进水箅稍低于边沟水平放置，如图 6-20 所示）、边石雨水口（进水箅嵌入边石垂直放置）、联合式雨水口（在边沟底和边石侧面都安放进水箅）三种形式。

(2) 雨水口施工的方法和步骤

雨水口的井筒可用砖砌或钢筋混凝土预制，也可采用预制的混凝土管；进水箅可用铸铁或钢筋混凝土、石料制成。

雨水口的施工方法和步骤可参考检查井的施工。

(3) 雨水口施工注意事项

雨水口的间距一般为 25～50m，在低洼和易积水的地段，可适当增加雨水口的数量。雨水口的深度一般不大于 1m。

雨水口施工注意事项可参考检查井。

思 考 题

1. 如何识读室外给水排水施工图？室外给水排水施工图由哪几部分组成？

2. 居住小区给水方式有哪些？各在什么情况下采用？

3. 居住小区给水系统由哪几部分组成？小区给水系统的敷设有哪些要求？

4. 说明小区的排水体制及小区排水系统的组成。

5. 简述小区给水管道的安装过程及其质量要求。

6. 简述小区排水管道的安装过程及其质量要求。

7. 简述阀门井、检查井及雨水口的施工方法及施工要求。

8. 识读图 6-3 小区给水排水施工图。

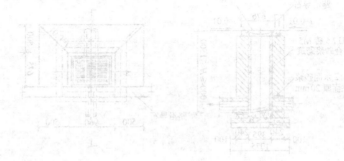

主要参考文献

1. 张健主编，建筑给水排水工程（第二版）. 北京：中国建筑工业出版社，2005
2. 上海沪标工程建设咨询有限公司建筑排水柔性接口铸铁管管道工程技术规程. 北京：中国计划出版社，2004
3. 本丛书编委会看图学给排水系统安装技术. 北京：机械工业出版社，2004
4. 邢丽贞主编，给排水管道设计与施工. 北京：化学工业出版社，2004
5. 姬海君主编，水暖工. 北京：机械工业出版社，2005
6. 尹桦主编，给排水工程施工员必读. 北京：金盾出版社，2002
7. 李金星主编，给水排水工程识图与施工. 合肥：安徽科学技术出版社，2002
8. 虢明跃主编，给排水与采暖工程施工工艺标准. 北京：中国建筑工业出版社，2004
9. 段成君等编写，简明给排水工手册. 北京：机械工业出版社，2000
10. 吴俊奇、付婉霞、曹秀芹编著，给水排水工程. 北京：中国水利水电出版社，2004
11. 张建主编，建筑给水排水工程. 北京：中国建筑工业出版社，2005
12. 北京土木建筑学会主编，建筑工程技术交底记录. 北京：经济科学出版社，2003
13. 范柳先主编，建筑给水排水工程. 北京：中国建筑工业出版社，2002
14. 郎嘉辉主编，建筑给水排水工程. 重庆：重庆大学出版社，1997